LES
EXCENTRICITÉS
PHYSIOLOGIQUES

PAR

Victor **MEUNIER**

LES SEXES

FABRIQUE DES ESPRITS. — FABRIQUE DES CORPS

LA NAISSANCE. — LES BÉBÉS

L'ORDRE DES MÈRES

PARIS

E. DENTU, ÉDITEUR

Libraire de la Société des Gens de Lettres

3, PLACE DE VALOIS PALAIS-ROYAL,

—

1889

LES

EXCENTRICITÉS

PHYSIOLOGIQUES

PRÉFACE

*Notre étiquette ne ment pas, « cecy lecteur »
est bien un livre de haute curiosité, et si le titre
vous attire, le contenu ne vous decevra point ;
mais c'est de plus un livre de progrès : le livre
du progrès physiologique.*

Les Excentricités physiologiques *sont pour
l'homme, ce que notre* Avenir des espèces, *dont*
les deux premiers volumes, *les* Animaux perfec-
tibles *et les* Singes domestiques, *ont paru il y a
deux et trois ans, et dont le dernier,* la Zoologie
du progrès, *paraîtra l'hiver prochain, sont pour
les animaux. Ensemble, ces ouvrages traitent des
bases organiques du développement à venir des
êtres animés. L'un et l'autre prennent appui sur
les variations spontanées ou provoquées dont ces
êtres sont susceptibles et qui, cultivées, peuvent
de simples infractions individuelles aux règles*

ordinaires, devenir le principe de règles nouvelles pour la descendance des mêmes êtres.

C'est essentiellement en ce sens, à la fois général et précis qu'est employé le mot excentricité ; général, puisque nous le faisons synonyme d'écart qui, par définition même est excentricité, et précis, puisque c'est systématiquement sur les seuls écarts susceptibles de profiter au progrès que notre attention se concentre.

Ce qui n'empêchera pas les lecteurs qui attachent au mot une idée moins sérieuse d'être servis selon leur goût : primo, parce que le sujet le veut ; secundo, parce que même ainsi entendues, les excentricités comportent encore un utile enseignement, familiarisant avec le principe de variation, faisant mesurer son étendue et la force de ses effets ; tertio, parce qu'il n'appartient qu'à des rustres ou à des cuistres de répudier, sous prétexte de simplicité et de gravité, l'accessoire de faits curieux, aimables, voire amusants, qui s'offrent à alléger l'étape de la science en lui faisant cortège.

C'est encore un livre de patriotisme.

Le principal intérêt de ce volume réside dans les cent cinquante pages consacrées à ce que, à l'imitation de Vésale, nous appelons : La fabrique des esprits. Le rapprochement établi entre la stigmatisation mystique et le phénomène des nœvi materni, nous paraît faire faire un pas à la ques-

tion des « influences maternelles ». Le sujet de cette première série est donc très général, néanmoins, le caractère patriotique s'y montre déjà en plus d'une page. C'est lui qui donnera le ton au volume suivant consacré à La question vitale, *savoir : à la population, à son accroissement par l'augmentation des naissances et la diminution des décès parmi les jeunes enfants; résultats rattachés, le premier à notre expansion coloniale ou commerciale (colonies d'exploitation), spécialement dans l'extrême sud algérien (dans le Soudan), le second à l'institution de nourriceries.*

De la troisième série, nous ne dirons rien de plus que le titre : Le Médecin dans l'école au lieu du prêtre, *qui est tout un programme, celui de la suppression des tares organiques dont l'enfance peut être affectée.*

Inutile de déflorer les deux dernières séries.

Nous renvoyons au prochain volume l'exposé des considérations générales — questions de principes et de méthodes — que soulève ou comporte cette physiologie progressive.

VICTOR MEUNIER.

Crécy-en-Brie, 14 juillet 1889.

EXCENTRICITÉS
PHYSIOLOGIQUES

LIVRE PREMIER

LES SEXES

I

ERNESTINE

Une femme, qui est un homme, fit dans Paris il y a quelques années [1] son tour des sociétés savantes. C'est Ernestine; Ernestine G..., une Ardennaise, née en 1841, à Voncq, canton d'Attignies, où elle fut inscrite comme enfant du sexe féminin. Dès qu'elle eut l'âge de l'école, on l'y envoya et ce fut à l'école des filles. Vers treize ans, une indisposition physiologique qui dura deux jours eût achevé au besoin de lever tous les doutes sur son sexe; mais il n'y en avait pas. Cet état ne se reproduisit cependant qu'au bout de trois mois, et lorsqu'il se fut renouvelé une troisième fois après un nouveau trimestre, Ernestine ne le revit plus.

[1] En 1881.

A la même époque, sa poitrine commençait à prendre le relief et les contours féminins. Vers quinze à seize ans, ses amitiés, jusque-là renfermées dans le cercle de ses compagnes, commencèrent à déborder, à changer d'objet, à subir des attractions d'une nature nouvelle. Pour répéter son dire : elle se sentit du goût pour la société des garçons. Bientôt, dans le nombre, elle n'en vit plus qu'un, l'aima et fut sans doute payée de retour, car il y eut projet de mariage. Quoique la pureté des mœurs champêtres soit bien établie, il n'est pas superflu de dire que leurs relations furent irréprochables. Les circonstances empêchèrent le projet de se réaliser. A dix-sept ans et demi, elle épousa un homme de son village, un brave homme nommé L...

Leur union fut heureuse, si l'on veut. Elle le fut sans l'être. Ils vécurent en bonne intelligence, c'est ce qui m'a fait dire que L... fut un brave homme, — je ne le connais pas autrement, — car il eut d'amères déceptions. Peut-être était-ce un homme dévot. Il se sera consolé par l'exemple de Moïse, qui goûta si imparfaitement les délices rêves, n'étant pas entré de sa personne dans la terre promise, et ayant dû, comme lui, rester sur le seuil du bonheur. Déceptions réciproques, d'ailleurs. Comment en serait-il autrement en l'absence de ces contrastes de caractères sans lequels il n'y a pas d'engrenage possible et qui fondent les bonnes unions? Je parle en physiologiste. Comment en pourrait-il être autrement, quand l'uniformité des caractères fait que les conjoints, au lieu de se compléter et de n'être plus qu'un, ce qui forme le but du mariage, se répètent l'un l'autre et restent deux? Or, saint Paul avait eu beau dire tout ce qu'il a dit sur le rôle subordonné de la femme ; et vainement le maire avait-il rappelé à Ernestine en la mariant la soumission que l'épouse doit à l'époux : le femme de L..., remplie depuis son mariage d'une humeur virile qu'elle ne s'était pas connue, se sentait plus propre à doubler son mari qu'à le subir. Elle le subissait cependant, mais avec des rages de Charles-Quint aspirant au rang suprême :

> ..... Être empereur, ô rage !
> Ne pas l'être, et sentir son cœur plein de courage.

Nonobstant ces aspirations involontaires, elle remplissait ses devoirs d'épouse autant que le permettait sa malheureuse nature. Ils ne se séparèrent pas d'eux-mêmes ; vécurent, comme on l'a dit, en bonne intelligence. Seulement, tout en restant la femme de son mari, elle eut quelques intrigues avec de ses amies à elle.

La vie commune dura treize années, au bout desquelles Ernestine devint veuve. Elle avait alors la trentaine, l'âge critique des romanciers. Effet de l'âge ou du veuvage, à partir de ce moment un changement inverse de celui qui vers quinze à seize ans lui avait fait trouver du plaisir dans la société des garçons se produisit, mais cette fois avec toute l'impétuosité d'une révolution. Et l'homme en jupons et en bonnet qui, sous le nom d'Ernestine G..., âgée de quarante ans, faisait dans Paris le tour des sociétés savantes, avouait franchement qu'Il avait eu quelques maîtresses depuis qu'Elle était veuve.

Ernestine est une femme à barbe, à barbe noire bien fournie et bien plantée. La forme générale du corps, les muscles sont d'un homme. La force mesurée au dynamomètre est d'un homme. Les seins sont plutôt d'une femme. La voix est féminine. Le visage n'a pas de caractère sexuel. Le ventre et le bassin sont comme chez l'homme; les genoux aussi, n'ayant aucune tendance à converger. Les pieds, les mains, les attaches sont masculins. Ce ne sont là que les bagatelles de la porte, mais il ne peut être ques-de ne pas s'y tenir.

Pour M. Magitot, par qui ce phénomène a été introduit dans la science, Ernestine est, comme nous l'avons dit, un homme et certainement il ou elle en a le caractère essentiel; mais la discussion de cette opinion serait bien technique.

C'est un homme, mais un homme anormal chez qui un arrêt de développement, en empêchant la soudure dans le plan médian du corps d'organes primitivement séparés, a altéré les caractères masculins et réalisé des apparences féminines extérieures. Quant à l'examen interne du sujet, quoique avec nos méthodes chirurgicales actuelles : anesthésiques, ischiémiques et antiputrides, pareil examen ne fut plus impossible ; Ernestine, qui se prête à tout le reste, ne s'y prêterait probablement pas.

L'anatomie, cependant, nous fixerait seule sur son état vrai. Possède-t-il (ou elle) l'organe caractéristique dont Kœberlé a fait tant de fois la formidable ablation ? M. Marc Sée cite l'autopsie d'un individu sur le sexe duquel existait des doutes ; on trouva qu'il avait l'un et l'autre, possédant à la fois les deux glandes qui physiologiquement font le fond du fond des sexes.

Fît-on chez Ernestine la même découverte, on n'aurait pas porté sur ce sujet un diagnostic suffisamment précis en lui décernant la masculinité qui aurait seulement prédominé.

Elle ne serait pas pareille pour cela à ce fils d'Hermès et d'Aphrodite, dont on voit le marbre au Louvre. La gynandrie complète n'existe, à part la fable, que chez les végétaux et les animaux inférieurs où la nature a épuisé toutes les combinaisons et degrés de la chose : ainsi les uns se fécondent eux-mêmes, et d'autres, quoique ayant les deux sexes, doivent se réunir à deux qui font ensemble la partie carrée. A plus forte raison l'hermaphrodisme complet n'a-t-il jamais été observé chez l'homme, à moins qu'avec de vieux auteurs on ne consente à faire une exception pour Adam. Ils se fondaient sur ce texte de la Genèse : « Dieu donc créa l'homme à son image : il le créa mâle et femelle; » car un temps a été où il n'y avait rien de plus pressé que de chercher ces devinettes. Une dévote, nommée Antoinette Bourignon, à qui notre premier père apparut, déclara même avoir constaté sur lui les caractères de l'androgynisme.

L'hermaphrodisme n'est donc jamais qu'incomplet. Mais il peut être *simple* ou *composé*. Il est dit *composé* quand, à l'intérieur du corps, sont surajoutés aux organes d'un sexe ceux de l'autre sexe, ce qui est actuellement inexplicable (jamais suraddition d'organes n'existe au dehors). Il est *simple* quand, dans les organes plus ou moins modifiés d'un sexe, il y a tendance vers l'autre sexe. L'hermaphrodisme simple s'explique par des arrêts de développement; car au cours du développement fœtal est une phase de neutralité pendant laquelle, si ce sera Daphnis, si ce sera Chloé, l'anatomiste le plus habile ne saurait le dire.

A ce second groupe, dans notre ignorance des détails de son organisation interne, appartient nécessairement Ernestine, qui est un exemple d'hermaphrodisme masculin. Ce fut également le cas tragique et touchant d'Alexina B..., qui, élevée jusqu'à vingt-deux ans dans des pensions de jeunes filles et reconnue à cet âge pour garçon, se donna la mort après qu'un jugement rendu à La Rochelle eut rectifié son état civil.

La *femme à barbe*, qui mourut en 1864, à l'Hôtel-Dieu, où son autopsie fut faite, Marie-Madeleine Lefort, a offert inversement un exemple d'hermaphrodisme féminin. Plusieurs chirurgiens s'y trompèrent, la prirent pour un homme. Elle avait une vraie barbe de sapeur, dépassant le creux de l'estomac. Telle fut encore, sous Louis XI, en Auvergne, la malheureuse créature qui, dûment inscrite comme mâle à sa naissance sur les registres du clergé et entrée en « une religion de moines noirs appartenant au cardinal de Bourbon », y accoucha en plein couvent. « Il était-homme, femme, moine ; prodige surprenant de la création ! » s'écrie Baudin en un vers latin.

L'erreur des chirurgiens qui examinèrent Marie-Madeleine Lefort, plaisante à première vue, ne prouve que la difficulté d'un diagnostic précis en ces matières. On se convaincra davantage de cette difficulté par le récit sommaire de la conversation qu'a soulevée à la Société de chirurgie la présentation d'Ernestine G...

M. Lannelongue raconte avoir eu deux fois l'occasion de voir de petits enfants sur le sexe desquels il lui a été impossible de se prononcer.

M. Monod a une pareille observation dans sa pratique. Cependant il croit que le sujet était un garçon plutôt qu'une fille ; les apparences étaient plutôt masculines. Mais nulle trace de la glande caractéristique. D'autre part, il avait certaines habitudes de petite fille ; on l'avait inscrit comme fille.

M. Tillaux ayant vu une jeune fille à laquelle on faisait faire un bandage pour une hernie : « Madame, dit-il à la mère, votre petite fille est un garçon. — Cela ne m'étonne pas, répondit la mère : je m'explique maintenant le caractère de cet enfant. »

Plus récemment encore, M. Le Dentu reçut la visite confidentielle d'une jeune personne. Elle venait prier le médecin — les médecins sont exposés à en entendre de bien bonnes — de la fixer sur son sexe. C'était un garçon. Il est encore inscrit comme fille.

On voit aussi par là que cette anomalie n'est pas aussi rare qu'on le voudrait. M. Terrillon a justement rappelé, à propos d'Ernestine, un fait analogue observé par M. Richet, il y a quelques années : L'homme avait été femme de mauvaise vie à Marseille.

Enfin, en 1887, M. Brouardel déclarait dans une leçon sur les empêchements au mariage avoir été été six fois, pour sa part, dans le cas de constater que des filles étaient devenues garçons ; c'est-à-dire que des sujets inscrits à l'état civil comme étant du sexe, n'en étaient pas.

Ce n'est la faute ni à Voltaire, ni à Rousseau.
Ambroise Paré et Montaigne ont connu une jeune
fille de Vitry-le-Français, Marie Germain, qui
changea de sexe en sautant un fossé : femme
sur un bord, à ce qu'on croyait, du moins, indiscutablement homme sur l'autre. L'histoire est
très authentique. Montaigne rapporte qu'une chan-
son populaire, à Vitry, et qu'il y entendit, invi-
tait les jeunes filles à ne pas faire de grandes
enjambées de peur de devenir garçons. Tels sont,
en effet, les résultats possibles d'un violent effort
alors que certains organes soumis à un interne-
ment abusif n'ont pas abdiqué le droit de sortie.

Un nommé Lucius Cositus, Africain, habitant
la ville de Tresdita, et que Pline raconte avoir
vu, aurait, au dire de cette illustre commère, été
changé de femme en homme au milieu des émotions de sa nuit de noces. Pontanus, cité par l'aimable docteur Witkowski, parle de la femme
d'un pêcheur qui, après quatorze ans de ménage,
sentit subitement la même révolution se faire en
elle. Mais je ne voudrais pas qu'on pût me soupçonner de chercher d'équivoques plaisirs dans
l'histoire de ces êtres ambigus. Je ne citerai donc
plus (d'après Ovide), que la métamorphose de la
jeune Iphis qui, parvenue à l'âge de quinze ans,
« paya garçon les vœux qu'elle avait faits jeune
fille ».

L'antiquité les jugeait indignes de vivre. Athènes les jetait à la mer, Rome dans le Tibre. Le moyen âge qui eut le goût du feu encore plus que de l'eau (réservée pour la question), les brûlait vifs. Au xvıı° siècle, Riolan disait : « Quant à l'homme qui, moitié homme, moitié femme, fait injure à la nature, il doit être mis à mort. » Aujourd'hui, nous n'y voyons plus que des sujets de commisération et d'étude. On les voudrait seulement plus rares, en songeant aux ravages que certains d'entre eux, admis comme brebis dans les bergeries les mieux gardées, et y éprouvant tout à coup des appétits de loup, pourraient commettre. Mais cela n'est pas une raison pour leur couper la tête. Dans tout un groupe de cas, ce n'est même pas la tête qu'il faudrait couper.

Après Ernestine, Louise.

Vingt-sept ans, au moment de l'observation. Elle a été inscrite à l'état civil sous le prénom de Louise. Arrivée à l'âge d'apprendre un état, Elle a reçu celui de mécanicienne qu'Il exerce aujourd'hui dans un grand atelier de femmes.

Dans le nombre de ses compagnes, une jeune fille fit naître en Louise des sentiments tels que celle-ci se décida à consulter un médecin, M. le docteur Filleau, sur le point de savoir si son nom n'avait pas une lettre de trop, la dernière.

Quoique ses doutes à cet égard fussent nouveaux, elle avait toujours su qu'elle n'était pas faite exactement comme les personnes de son sexe... : plate comme une planche — ce n'eût pas été de quoi crier au phénomène, — un timbre de voix tout masculin et de la barbe comme un sapeur si elle ne se fût rasée.

Le cas n'étant rien moins que médical, le médecin renvoya le sujet à M. Péan. C'était former en sa faveur une demande en grâce auprès de haute et puissante dame Chirurgie.

Car Louise est bien un Louis ; mais un Louis incomplet et perfide, un Louis qui vaut un Louis comme Louis-Philippe était la meilleure des républiques, un Louis aussi altéré qu'une monnaie de Philippe le Bel.

Cela s'appelle un arrêt de développement. Louis, arrêté dans son développement embryonnaire, a pris, a conservé plutôt, la grossière apparence d'une Louise. Démonstration nouvelle, superflue d'ailleurs, de la complète analogie de structure des deux sexes. Il y a un moment où l'être en voie de formation n'a ni l'un ni l'autre. Vers le quatrième mois, c'est le sexe Louise qui se dessine. Mais l'enfant sera-t-il une Louise ou un Louis ? on ne saurait le dire, vu que garçons et filles passent tous et toutes par cette même phase ; seulement, ces dernières s'y tiennent — comme elles font bien ! — et les premiers ne font que la traverser. Le Louis de l'observation n'est allé qu'incomplètement au delà de cette station.

―――――――

Lorsque je racontai[1] l'histoire d'*Ernestine :* « Comment croire — m'écrivit une dame — à une Providence qui fait de telles horreurs ? » On pourrait faire la même question à propos d'une infinité de cas pathologiques ou tératologiques lesquels n'ont pas davantage le privilège de la provoquer. Les fléaux naturels, qui tiennent une bien autre place dans le monde, la posent avec plus de force encore et d'une façon permanente. Mais si les solutions de l'Église à ce sujet, contradictoires, arbitraires, outrageantes pour la raison, sont désormais surannées, leur désuétude ne doit profiter ni au matérialisme ni à l'athéisme absurdes en présence de nos progrès dans la connaissance et dans la conquête du globe : ces progrès démontrant magnifiquement et indiscutablement, par voie d'expérience, la suprématie de l'esprit sur toutes les forces de l'univers.

[1] Dans mes causeries du *Rappel.*

AMAZONE ET CUISINIER COMPARÉS

L'*amazone*. — Une pauvre riche, une jeune
fille que la mort de ses parents a faite maîtresse
de sa fortune et de ses actions, n'a trouvé d'autre
emploi à sa vitalité et à son opulence que celui-
ci : l'équitation. Sa passion du cheval est si exclusive que, pour l'affranchir des entraves pério-
diques de la nature féminine, elle a, dans ses
pérégrinations de désœuvrée, cherché un chirurgien qui lui ouvrît le ventre et pratiquât sur elle
cette extraction que Velpeau rangeait « dans les
attributions des exécuteurs des hautes œuvres ».
Velpeau eût changé d'opinion là-dessus, sans
aucun doute, comme sur l'hypnotisme, et ses
mains habiles pratiqueraient aujourd'hui l'ovariotomie. Il n'en est pas moins vrai qu'une telle
mutilation n'a d'excuse que lorsqu'elle est louable,
c'est-à-dire lorsque le sacrifice de la partie est
fait dans le légitime espoir de sauver le tout.
On raconte qu'en Arabie l'ovariotomie se pra-

tiquait sur des femmes employées au sérail ;
mais c'étaient des barbares. Il paraît qu'elle se
pratique dans l'Inde sur les bayadères ; mais
c'est en dehors de notre civilisation, et l'horreur
du moyen est en harmonie avec l'ignominie de
la fin. Chez nous, mis à part les cas chirurgicaux
dans lesquels c'est toujours le soulagement et le
salut d'une créature humaine qui sont cherchés,
la castration se fait communément sur les volailles,
sur la truie et la vache pour les engraisser, et
quelquefois sur la jument pour calmer ses ardeurs.
Deux illustres : Wier et de Graaf, racontent que
dans l'espoir de mettre un terme au libertinage
de sa fille, un châtreur de porcs lui fit ce qu'il
leur faisait. Qu'une fille eût l'esprit assez dépravé
pour prétendre au même traitement dans le seul
but de monter à cheval tous les jours du mois, il
y avait à espérer que le malfaiteur diplômé nécessaire à la perpétration de l'attentat ne se rencontrerait pas. Il s'est rencontré. On est heureux de
dire que ce n'est pas en France. On regrette d'a-
jouter que c'est à Genève.

La jeune fille endormie fut ouverte, et, moyen-
nant finances, un chirurgien des hautes œuvres
fit d'un corps sain et destiné à transmettre la vie
une chose stérile et invalide.

Si l'ablation des *testes muliebres* (expression
de Galien) entraîne aussi nécessairement que l'o-
pération analogue chez l'autre sexe une infécon-

dité absolue, ce n'est que dans la presque totalité des cas qu'elle entraîne la supression de « ce tribut périodique payé à l'astre des nuits », comme dit Villaret à propos de Jeanne Darc qui, selon lui, en fut exempte ; mais la sublime créature n'avait que vingt ans lorsqu'elle mourut. Ce n'est que tout à fait exceptionnellement que « l'horloge de la santé », ainsi nommée par Moriceau, continue de marquer les heures. Eh bien ! vous allez vous écrier que c'est bien fait : l'histoire de notre amazone — je dis notre, mais elle n'est pas la vôtre plus que la mienne — son histoire accroît d'une unité le nombre des cas exceptionnels ! La malheureuse paye comme précédemment ce tribut qui ne répond plus à rien. Rien n'y est changé, ni les dates, ni le taux, ni le nombre des jours pendant lesquels il l'empêche chaque mois de monter à cheval. C'est une première punition, en attendant l'engraissement précoce, excessif des femelles domestiques soumises à la castration, puis, brochant sur le tout, l'horrible vieillesse eunuchoïde. Si la conscience se tait, la chair parlera !

La déception de cette infortunée rappelle ce qui arriva à une dame citée par Delamotte. Elle était restée fille par crainte — la belle âme — d'avoir des enfants. Arrivée à l'âge de cinquante et un ans elle se dit : maintenant le danger es passé, se maria et... devint mère.

Capuron a accouché une femme de soixante-trois ans qui allaita son enfant.

Au dire de Pline, Cornélie, mère de Valerius Saturninus avait soixante-dix ans lorsqu'elle le mit au monde.

Le cuisinier. — Un couteau, à ce que racontait un cuisinier, était planté par sa pointe dans un banc. Voulant s'asseoir sur ce banc, ce cuisinier court vêtu, s'assit, à vide, sur ce couteau, l'avala! C'est sa première version.

Deux jours après, il dut cesser son travail. Au bout d'un mois, il consulta M. Le Dentu.

A sept ou huit centimètres de l'entrée de la gaine offerte au couteau, une tumeur inflammatoire s'était développée. On y sentait la pointe de l'instrument égarée hors de cet étui d'occasion. Très haut dans l'étui, le toucher percevait le manche.

Incision. Une pince saisit la pointe. Tout le pal est extrait. Le patient avait été chloroformé. *In vino veritas!* dit le proverbe. L'anesthésique aussi a son ivresse. Sous l'influence de l'ébriété chloroformique :

« C'est moi-même qui se l'est fait, » balbutia le cuisinier.

Moralité. — Comme s'étant mis l'un et l'autre hors la nature, c'est avec justice que l'immonde cuisinier et la perverse amazone sont ici réunis.

Leur contact, il ne faut pas s'y tromper, abaisse moralement le goujat plus que l'élégante, quoique la fierté de celle-ci dût s'en courroucer.

Par là elle apprendrait dans quel mépris son action est tenue. C'est le maximum de punition qu'il soit possible de lui infliger.

La partie de l'ovaire dans laquelle se produisent les œufs, — c'est la partie périphérique — renferme ce qu'on nomme les vésicules de Graaf, du nom de l'anatomiste qui les a découvertes. Ce sont des espèces de sacs dans lesquels, au milieu d'une masse granuleuse et d'un liquide albumineux, se forment les ovules presque microscopiques.

Périodiquement, une vésicule de Graaf arrive à maturité et grosse alors comme une cerise, se rompt et laisse échapper son contenu. Elle peut contenir jusqu'à trois ovules mais n'en renferme habituellement qu'un. Cette ponte a lieu tous les mois, de la puberté à la ménaupose, c'est-à-dire de l'âge de quatorze ans à celui de quarante-cinq. Au total, en une trentaine d'années 400 ovules environ arrivent à maturité et combien est petit le nombre de ceux qui ne restent pas stériles !

Voilà le fait. Maintenant, en regard de ce qui est, mettons ce qui pourrait être. Non. Mettons l'immense impossibilité dont la nature fait les premiers frais inexplicables.

Disons d'abord le nombre vraiment fantastique des vésicules de Graaf. Une grande autorité en anatomie humaine, M. Sappey, l'évalue à 700,000 par ovaire. Soit 1,400,000 pour les deux. On a vu que ces vésicules peuvent donner plus d'un œuf. Tablons sur l'unité. Elles donneraient donc toutes ensembles 1,400,000 œufs si... d'où naîtraient 1,400,000 hommes, si... Et il faut convenir qu'en cette circonstance la nature ne se montre ni aussi « avare de moyens » que le veut Bichat ni aussi « économe de ressorts » que le prétend Charles Fourier.

Cela lui arrive bien souvent à la nature de n'avoir pas toute la sobriété classique.

Quoique la prodigieuse quantité de vésicules ovariennes puisse faire penser aux myriades d'œufs que les poissons pondent, les deux faits ont des valeurs bien différentes, le dernier étant expliqué par l'emploi alimentaire que ces pontes miraculeuses reçoivent, tandis que l'autre n'a pas de but visible. Je ne m'étonnerais pas que des gens à système vissent dans cette organisation de l'ovaire la preuve de notre lointaine parenté avec les habitants des eaux, laquelle aurait l'avantage d'expliquer certains faits d'ordre moral, immoral plutôt, ou du moins certaines expressions analogiques de la langue imagée.

————

Le fait de l'amazone fut raconté à propos d'un mémoire de M. le professeur Duplay qui sur 171 cas de castration avait eu 145 guérisons (soit 14, 16 pour 100) et 25 morts. « Le jugement porté par Velpeau sur cette opération ne serait donc plus justifié » ; c'est M. Duplay qui parle. Quant à dire qu'on ne doit la pratiquer que dans des cas morbides, c'est si évident que l'idée ne lui en est pas venue.

Dans le récit d'une excursion chirurgicale en Angleterre, M. Fort rapportait avoir vu M. Spencer Wells pratiquer sa 1,023ᵉ extraction d'ovaires. 1,023 ovariotomies par une seule main n'est-ce pas affreux ! Détail bien anglican : la 1,023ᵉ était faite sur la femme d'un évêque, une jeune femme de vingt ans. La méthode en est simple et expéditive. La malade est couchée sur un lit élevé ; les jambes rapprochées l'une de l'autre, étendues, maintenues en place par une large courroie ; les deux mains attachées de droite et de gauche sur les côtés du lit. Dès que l'anesthésie est complète, le chirurgien, debout, fait son incision le long de la ligne médiane de l'abdomen, au-dessus de l'ombilic...

Côté des hommes. — Les Romains permettaient au mari trompé de faire un Skoptsy du galant pris en flagrant délit.

Lucilius parle d'un homme qui se *skoptsya* lui-même pour faire pièce à sa femme. Mais c'était un fou.

Par amour de l'art Choron voulait à toute force que son élève Dupré se fît *skoptsyer*. On connaît les résultats de l'opération quant à la beauté de la voix. Mais Dupré ne fut pas assez « simpliste » pour améliorer la sienne à ce prix.

M. E. Martin raconte qu'un soldat fut opéré par un éclat d'obus. Sa barbe tomba, ses seins se développèrent et la voix se modifia dans le sens féminin.

TOUCHANTE HISTOIRE D'UNE JEUNE ARTISTE

Le jour même où M. Duplay traitait à l'Académie de médecine de l'ablation des ovaires ; sur une jeune artiste dramatique — vingt et un ans ! . — dans le service de M. Tillaux à l'Hôtel-Dieu, l'extirpation totale de l'utérus était pratiquée... par les voies naturelles.

Un souvenir invoqué à cette occasion par la *Gazette des Hôpitaux* donnera la mesure de progrès pour lesquels on n'aura jamais assez de bénédictions. Ce souvenir est celui des premières extirpations pratiquées par Récamier, alors qu'on ne connaissait pas les anesthésiques ; ce qui ne nous reporte pas au delà de notre jeunesse.

Le journal médical en trouve le récit dans sa propre collection. Ce sont des histoires à donner la chair de poule. Le rédacteur ne les reproduit pas, mais rend l'impression de leur lecture : « c'est celle d'un cauchemar ». La patiente remplit l'amphithéâtre de cris déchirants, oppose des efforts désespérés. Dans une dissection trop rapide des points d'union de la vessie avec l'utérus, le premier de ces organes est ouvert! Où donc, en effet trouver le courage et la force nécessaires au chirurgien et à la malade pour mettre à ce travail d'art tout le temps qu'il eût fallu? « On croit voir Roux et Récamier... acccrochant l'utérus avec leurs doigts, tirant de toutes leurs forces, essayant en vain, pendant longtemps, de faire basculer cet organe, en l'abaissant, de manière à le faire sortir, le fond en avant » — par les voies naturelles.

Quelle différence aujourd'hui, par l'effet de cet adorable progrès! La patiente (de *pati* souffrir) disséquée vive, dans la partie sacrée de son être, ne souffre pas, ne sent rien, reste muette et immobile. Le chirurgien aussi tranquille que s'il se préparait par une répétition sur le cadavre à l'opération qu'il exécute... Rien ne le presse. Il a tout le temps de bien faire.

Cette fois, c'est une brune assez jolie, de figure très intelligente, pleine de confiance dans le chirurgien, qu'elle a supplié de la guérir à tout prix, et non moins confiante dans le résultat. Elle fut mère à quinze ans : c'est avoir fait jeune l'apprentissage de joies et de douleurs, qui prématurément aussi lui deviennent à jamais étrangères. Un épithélioma (cancer), dont elle est atteinte depuis quelques temps, nécessite la terrible opération pour laquelle la voici maintenant étendue sur le dos, endormie, ce qui n'a pas été obtenu sans peine, dans une des salles spéciales ménagées sous les combles de l'hôpital et éclairées par le haut, où se font maintenant à l'Hôtel-Dieu les opérations portant sur la cavité abdominale.

La salle est dans les combles, afin d'être le plus loin possible du reste de l'hôpital. On y accède par une pièce entièrement vide dont l'unique emploi est d'en compléter l'isolement. La salle d'opération mène à une troisième pièce dans laquelle la malade, préalablement, est soumise à des préparations antiseptiques. On la transporte ensuite sur ce qu'on appelait autrefois le lit de douleurs, qui n'est plus qu'un lit d'opérations.

Revenue à elle, l'opérée déclara ne ressentir aucune douleur.

Ce qu'on jugerait invraisemblable : il n'en survint aucune même légère, du côté du ventre, qui resta plat, souple, et indifférent à la pression.

Elle ne se plaignait que de l'ennui, dans son isolement, et de la chaleur sous les combles, et ne demanda jamais que d'être ramenée dans les salles communes.

Complètement guérie au commencement de juillet (l'opération avait eu lieu au mois de juin), elle quitta l'hôpital. Même, dès la fin de juin, comme ses compagnes d'infortune s'étaient cotisées pour offrir des fleurs au chef du service dont c'était la fête, elle se trouva assez forte pour remplir le rôle, qui lui revenait de droit, celui de complimenter M. Tillaux au nom des malades confiées aux soins de ce chirurgien.

Plaudite cives. L'art est grand, et l'esprit, par conséquent.

IV

HISTOIRE CURIEUSE D'UNE JEUNE FILLE
GUÉRIE D'UNE HYSTÉRIE GRAVE

Elle a vingt-trois ans, dont plusieurs ne furent qu'un accès de souffrance.

Des vomissements incoercibles accompagnés de névralgies ovariennes très douloureuses l'ont conduite à un degré d'anémie et de faiblesse extrêmes.

Les médecins consultés lui conseillent, pour la plupart, de se faire opérer.

L'opération consistera dans le retranchement des organes qui sont les fontaines de la maternité.

La jeune martyre finit par se résigner à cette mutilation, par l'implorer du chirurgien, qui consent enfin à pratiquer le sacrifice.

On lui fait respirer du chloroforme ; le couteau est porté sur la région abdominale ; toutes les précautions de la méthode antiseptique ont été prises....

Pendant les trois jours qui suivirent, la sensibilité du bas-ventre fut excessive. Une vessie pleine de glace dut être tenue en permanence sur cette région. La malade ne pouvait tolérer qu'on l'en retirât un seul instant. Une rétention d'urine s'était déclarée, qui persista douze jours. Mais, dès la fin de la première semaine, l'état général était bon. Plus de vomissements, plus de douleurs ovariques. C'était la guérison. Cette guérison s'est maintenue.

Ainsi délivrée du mal, la jeune fille est présentée à la Société médicale de Berlin. Elle porte encore la cicatrice de sa délivrance et de sa déchéance, hélas! L'intérêt manifesté par toute l'assemblée doit, sans aucun doute, la toucher; mais qu'elle est loin d'en soupçonner les vrais motifs, qu'il faut bien se garder de lui faire connaître. Tous les détails de l'opération terrible ont été racontés avant sa comparution et on n'y fera aucune allusion en sa présence; voici pourquoi, en confidence :

C'est qu'il n'y a pas eu d'opération du tout.

Ce chloroforme, ces instruments de chirurgie, tout l'appareil antiseptique : pure mise en scène ! Le chirurgien, ses aides, les assistants : des acteurs! Le tout un coup monté pour agir sur le moral de l'hystérique.

La cicatrice qu'elle porte à la région abdominale est celle d'une plaie légère qui n'a intéressé que la superficie du derme. Cette excessive sensibilité du bas-ventre, consécutive à une opération qui n'a pas eu lieu, et cette rétention de produits excrétoires : simples effets d'une imagination fortement frappée. Et la guérison de l'hystérie ? Egalement. La force morale, habilement mise en jeu, en a été l'agent unique.

V

SAINTE CHIRURGIE THAUMATURGE

« La rue au pain, » comme vulgairement on nomme l'œsophage, étant à jamais bouchée, la chirurgie sait ouvrir une voie directe de l'abdomen à l'estomac. Plus souvent encore, en des cas d'infirmités congénitales, retouchant non plus l'extrémité supérieure du tube, au contraire, elle a institué par artifice ce qui naturellement faisait défaut. C'est d'un autre genre d'imperforation encore plus heureusement réparé qu'il s'agit.

Amussat fut ici l'initiateur. Dolbeau, qui l'imita, enregistra un succès complet. Plus tard, Addin Emmet (de New-York) publia un certain nombre de faits analogues à ceux d'Amussat et de Dolbeau. Enfin, une observation détaillée, que M. Daniel Mollière (de Lyon) ajoute aux précédentes, achève de conquérir à l'opération son droit de cité chirurgicale.

Il s'agit d'une femme. Vingt ans, mes frères, le bel âge ! Mariée depuis deux ans, sans l'être.

Sans l'être plus que ne voulurent l'être cette folle sainte Ethebrède et ce sot saint Alexis. Mais autres étaient les sentiments de la jeune femme qui se désespérait en compagnie de son mari et dépérissait.

Elle entra dans le service de M. Mollière, et la science répara l'oubli de la nature. Par malheur, quand, après trois mois, l'opérée, complètement rétablie, sortit de l'hôpital, ce fut pour assister aux derniers moments de son mari, mort, lui aussi, sans avoir foulé la terre promise.

Le sujet de M. Dolbeau était une jeune fille qui se maria et devint mère.

VI

PROCRÉÉS EN L'ABSENCE DU PÈRE

Il est universellement connu que la pisciculture repose, pour une large part, sur la fécondation artificielle, dont l'idée première paraît avoir été émise par Swammerdam, qui ne réussit pas à la réaliser, pas plus que Rœsel, engagé après lui dans cette voie. Ce qui est moins connu, c'est que la fécondation artificielle est applicable aux animaux supérieurs. Elle fut pratiquée par l'abbé Spallanzani sur plusieurs mammifères, dont le meilleur ami de l'homme. Broca a fait la remarque qu'au siècle dernier les abbés avaient un goût très vif pour certaines expériences ; et plût au ciel qu'ils s'en fussent toujours tenus à ces expériences !

_ L'illustre Spallanzani obtint de la sorte, d'une seule portée, trois petits chiens, dont la mère n'avait pas connu le père, auquel, d'ailleurs, ils ressemblaient.

Ce qu'on ignore généralement, c'est que le

procédé dont il s'agit n'est pas applicable aux seuls animaux. Tout le monde sait, sans doute, qu'il est usité en culture, et le cas du dattier n'est à apprendre à personne ; aussi n'est-ce pas là ce que j'ai en vue. Je regarde non point au-dessous du règne animal, mais au-dessus. La première application y suivit, à une vingtaine d'années de distance, les succès de Spallanzani, qui sont de 1780. J'ai bien dit : « application. » C'en fut une. Elle fut faite en 1790, sur le conseil du célèbre Hunter, par un mari désolé de ne pouvoir être père comme tout le monde et qui le devint de la sorte. L'opération, répétée depuis, un assez grand nombre de fois, est de nos jours presque usuelle. Les opérateurs à citer, après Hunter, sont les suivants : Lesueur, Girault, Dehaut, Marion Sims, Gigon (d'Angoulême), Roubaud, Courty et Eustache de (Montpellier), et le professeur Pajot.

« En 1838, — raconte le Dr Girault, — je fus consulté par le comte de L..., pour sa fille, âgée de vingt-trois ans, mariée depuis trois ans, et ayant un tel désir d'avoir un enfant, qu'elle menaçait de se livrer au premier venu afin d'avoir le bonheur d'être mère. » Examen fait des circonstances, M. Girault ne vit que la méthode spallanzanienne. Le mari s'y refusait, mais la volonté de la femme fit tout céder. Une première opération ne donna pas de résultat, une seconde eut lieu

quarante jours après. « La dame devint enceinte
et accoucha le 1er mars 1839 d'un garçon bien
constitué qui fut nourri par une Normande. Il
suivait son père, dont les fonctions nécessitaient
des changements de résidence. J'ai vu ce jeune
homme en 1850 ; il commençait alors ses études
de droit, et c'est aujourd'hui un avocat distingué. »
L'auteur cite comme lui étant personnelles, douze
observations de ce genre. Celle-ci suffit. Il y eut,
dans le nombre, une grossesse gémellaire. On
distingue deux méthodes : la *française*, qui est
celle du médecin précité, et l'*américaine*, due à
M. Marion Sims. Il y a presque autant de procédés que d'auteurs.

Suggestions expérimentales :
Ce que, à notre connaissance, personne n'a
encore essayé, c'est l'expérience inverse et com-
plémentaire de celle de Spallanzani, qui consis-
terait à saisir l'ovule quand, descendu dans l'organe où il doit se développer, il n'y a pas encore
contracté d'adhérence, et à le transporter d'une
femelle sur une autre de la même espèce. La
migration serait plus considérable, mais la trans-
plantation moindre que dans le cas de grossesse
abdominale. Qu'un nouveau Spallanzani l'in-

vente, il se trouvera un autre Hunter pour s'en emparer.

Ainsi serait bien dépassé le *desideratum* de celles qui, suivant l'expression du docteur Guépin, « prendraient volontiers, si cela se pouvait, une femme de peine pour mettre au monde leur enfant ».

Il y aurait des femmes de peine pour la grossesse comme pour l'allaitement. On louerait des ventres comme des appartements, et celles qui les amodieraient deviendraient mères sans avoir connu d'hommes. Comme tant d'autres fables, le mythe de la vierge-mère deviendrait une vulgaire réalité. La profession de vierge-mère aurait ses servitudes, mais quelle profession n'a les siennes? Ces servitudes seraient compensées par les profits, car il n'est pas à supposer qu'un tel état puisse être autre chose qu'un état de luxe. D'ailleurs, l'amour musulman a créé au complet tout l'arsenal de moyens nécessaires pour garantir aux intéressés la loyauté de pareilles opérations. Les femmes qui se destineraient à l'état de gestatrices devraient se prêter aux moyens de sûreté auxquels recourt le Turc sur le point de partir en voyage. L'amour chrétien n'est pas non plus resté inactif en cette matière. On trouve de ses inventions aux musées de Cluny et de Saint-Germain.

Conditions physiques à part, la chose n'aurait,

d'ailleurs rien de bien nouveau, si ce n'est dans la forme, et pourrait s'autoriser moralement de la Bible où elle est bien dépassée par l'histoire de Jacob et de ses deux femmes Léa et Rachel, filles de Laban.

L'aînée, Léa, a déjà donné quatre fils : Ruben, Siméon, Lévi et Juda à l'époux commun, dont elle n'est pas la préférée, que Rachel, la bien-aimée est encore stérile. Dévorée d'envie, celle-ci supplie Jacob de la rendre mère : « Autrement je suis morte. » Mais que pourrait faire Jacob que de se répéter? Obligée d'en convenir, Rachel conçoit l'idée, à défaut d'autre chose, de se faire suppléer par Bilha, une servante qu'elle tient de son père. Jacob y consent. Le résultat désiré est atteint, Rachel remercie Dieu de lui avoir accordé un fils et donne à ce fils le nom de Dan.

Après Dan, elle eut, par Bilha, Nephthali, à l'occasion duquel elle dit : « J'ai fortement lutté contre ma sœur, aussi ai-je obtenu la victoire... »

Cependant Léa avait cessé de produire. Mais si elle n'avait plus d'enfants, elle avait toujours la servante, Zelpa, qui lui venait de Laban. Suivant l'exemple de sa sœur, elle donna Zelpa à son mari, dont elle eut, par cette doublure, deux fils. « C'est pour me rendre bien heureuse, — dit-elle à la naissance du second, — car les filles me diront bien heureuse, — et elle l'appela Asçer. »

Ainsi donc se constituerait, conformément au principe moderne de la division du travail, le personnel de la fonction maternelle : une femme pour la gestation, une femme pour l'allaitement, une femme pour l'éducation et la mère pour tout le reste.

« Si, pour accoucher, disait Girardin dans ses *Décrets de l'Avenir* une femme pouvait se faire suppléer par une autre, combien de femmes grosses prétendraient qu'il leur est impossible par elles-mêmes de mettre leurs enfants au jour ! Elles le diraient : les maris le répéteraient ; le monde le croirait. Ainsi naissent et s'enracinent certains préjugés devenus presque indestructibles. »

Les maris le répéteraient.

Quand la gestation mercenaire sera en vigueur :

Un cabinet de travail, M. X... à son bureau, Mme X... derrière son mari lui casse délicatement sur le crâne des œufs frais qu'elle puise dans une corbeille posée sur le bureau [1]. M. X... immobile ferme seulement les yeux au passage des traînées de jaune et de blanc. On frappe à la porte du fond.

[1] C'est jusqu'ici l'histoire vraie ou fausse du docteur Hamberger et de sa femme.

M. X... : — Êtes-vous marié ?

Une voix du dehors : — Je le suis.

M. X... : — Vous pouvez entrer.

Entre M. Z... Mme X... se sauve par une porte latérale.

M. X... se lève, s'essuie la face et le crâne :
— Dans la position où est ma femme un bon mari doit tout permettre.

M. Z... : — Mme X... est dans une situation intéressante ?

M. X... : — C'est l'explication de la mienne.

M. Z... : — A voir l'élégance de sa taille et la légèreté de son pas, on ne s'en douterait guère.

M. X... : — C'est qu'elle ne porte pas elle-même. Nous avons profité d'une occasion de ventre à louer. Mais, comme vous en êtes témoin, la pauvre femme n'est pas exempte pour cela d'envies de femme grosse. Mystère de la nature ! La nature ne perd jamais tous ses droits !

M. Z... : — A qui le dites-vous ! La mienne non plus, comme vous le pensez bien, n'a pas de temps à donner à ses grossesses. C'est une personne bien trop supérieure et délicate ! Eh bien ! nous n'avons pas un enfant en gestation sans qu'elle éprouve un désir presque irrésistible de se défaire de moi. Elle m'aime beaucoup cependant.

M. X... : — Je le crois. On a vu pire. On a vu une femme qui, elle aussi, aimait son mari, le tuer, étant personnellement enceinte, en manger une partie et saler le reste pour l'avenir. Peut-être, dans son idée de femme grosse, n'apercevait-elle que ce moyen de lui conserver un fils.

Ensemble : — Pauvres femmes !

Ils se précipitent en pleurant dans les bras l'un de l'autre. On dirait deux béliers luttant ensembles.

Cornards.

Ce n'est que par association d'idées qu'apparaissent ici les hommes à cornes. Rien des mœurs, tout pathologique ; l'auteur est médecin à Saint-Louis et non romancier. Les cornes considérées par M. Guibout sont de deux sortes, les unes n'étant que de l'humeur sébacée, concrétée et accumulée, et les autres de l'épiderme induré et hypertrophié ; encore ne s'occupe-t-il que de ces dernières. Les cornes épidermiques sont des cors retournés, renversés. Qu'est-ce qu'un cor? un clou enfoncé de dehors en dedans dans le derme où sa pointe, chaque fois qu'on presse sur la tête, pénètre plus profondément. Qu'est-ce qu'une corne? un clou fiché de dedans en dehors, qui a sa tête à la peau et dont la pointe menace le ciel.

Le lieu d'élection établit bien aussi une différence. L'homme à cornes porte ses cors au front. Atavisme ! vont s'écrier les dévots de la nouvelle

superstition. Mais qu'on se rappelle la définition
que Voltaire a donnée des cause-finaliers et que
les extrêmes se touchent. Où la filiation est vraisemblable, c'est entre les dieux cornus et le cor-
nage pathologique qui aura fourni la matière première de cette métaphysique.

Comme toute chose, les cornes de l'homme
sont susceptibles de plus et de moins. On en a
vu dont la longueur ne dépassait pas 15 à 20 mil-
limètres; on en a mesuré de 10 à 11 centimètres
de long, ce qui valait la peine.

La forme n'est pas moins variable que la dimen-
sion; il y en a de droites et aiguës comme celles
d'une gazelle, il y en a de torses et qui s'enroulent
sur elles-mêmes comme chez les béliers. Les uns
ont pu poser pour le maître de l'Olympe et les
autres pour le roi des enfers.

Fâcheuses au point de vue esthétique, les cornes
sont pleines d'inconvénients physiologiques. Ex-
posées aux chocs, elles y sont excessivement
sensibles, ce qu'explique trop bien leur implantation dans le derme. Comme pour le cor, une
extraction radicale, suivie de cautérisation, est le
seul moyen de s'en délivrer.

Curieuse observation et qui fera rêver : les cornards ruminent.

D'une autre corne autrement placée.

Placée, poussée en lieu tel que jamais, on peut le dire, la nature ne s'est permis bizarrerie plus rare ni plaisanterie plus amère ! Le moulage en est présenté à la société médicale des hôpitaux [1].

Longue de 3 centimètres 1/2, large de 2 centimètres 1/2 au point d'implantation, dure comme la corne du bélier, sa pointe contournée en spirale, caduque enfin comme un bois de cerf ; telle est cette excroissance. L'homme qui la présente est heureusement âgé de soixante-neuf ans, ce qui en atténue les inconvénients ; mais il y a plusieurs années qu'il en est affligé. Elle se montra pour la première fois à la suite d'une petite opération chirurgicale, la seule qui soit inscrite au calendrier grégorien ; tomba au bout de deux ans, et sa structure, examinée au microscope, montra alors qu'on avait affaire à un papillome corné, puis se reproduisit. Sans entraîner de privations, vû l'âge du sujet, elle constitue une grande gêne. Quant à son siège, bornons-nous à remarquer qu'il est en contradiction, avec l'ordre de l'Eternel aux êtres animés en général (*Genèse*, i, v. 22) et à l'homme (*ibid.*, v. 28).

J'en ai dit assez, je pense,
En *taisant son* nom.

[1] En octobre 1888, par le Dr Chauffard.

VII

LENDEMAIN DE NOCES

Une femme veuve depuis quelques années et qui avait vécu tout ce temps dans la continence, qui d'ailleurs avait toujours joui d'une bonne santé, s'étant mariée le 17 du mois d'avril 1885, se réveilla le 18 au matin avec mal de tête, douleurs et fourmillements dans les membres. Ayant voulu se lever, elle ne put y réussir sans aide, et ce n'est que soutenue par deux personnes qu'elle arriva à faire quelques pas. Elle dut donc se recoucher. On appela le médecin. Celui-ci, diagnostiquant un état nerveux probablement hystérique, prescrivit quelques moyens anodins. Mais les jours qui allaient suivre ce lendemain de noces, devaient lui ressembler, même en plus mal.

Comme tout se paye, jusqu'à ce qui est sans prix, l'énormité de celui-ci va induire les lecteurs en suppositions merveilleuses. Je les préviens qu'ils font fausse route. La médecine a le droit de tout savoir. Or, jamais cette expression phalanstérienne : le *minimum décent*, n'a été mieux en situation, si même l'adjectif n'est bien avantageux. Même, sur le souriant : *bis repetita placent*, qui paraîtrait encore réservé, le sévère : *non bis in idem*, qu'on n'eût jamais songé à invoquer, avait eu la préférence.

Cependant, à la céphalalgie et aux fourmillements des membres, des douleurs à la nuque et le long de la colonne vertébrale s'étaient ajoutées ; la paralysie s'aggravait, et la malade, justement inquiète, entrait le 25 à la Charité, dans le service de M. Peter.

Paralysie presque complète ; à peine peut-elle dans son lit imprimer quelques mouvements à ses membres inférieurs. Marcher, même se tenir debout, est, à plus forte raison, hors de question. Elle ne sait plus où sont ses jambes. Cependant la sensibilité de la peau, loin d'être atteinte, est exaltée en quelques points. C'est dans cet état que la malade se présente à l'interne de service. En deux ou trois jours une amélioration fut obtenue par une double application de sangsues aux deux côtés de la colonne vertébrale. C'était selon toute apparence, à une congestion méningo-myélitique qu'on avait affaire.

Non moins vraisemblablement la cause de ces

désordres était uniquement là où nous constations tout à l'heure l'absence de tout excès. Hâtons-nous de dire que c'est un fait très rare dont il y aurait pusillanimité, Mesdames, à refuser de courir la chance.

VIII

TROP DE SUCRE

M. le docteur Landouzy a, dans sa clientèle,
une jeune dame mariée depuis onze ans et mère
de quatre enfants. Elle le consultait sur quelques
troubles qui conduisirent le médecin à poser
cette question : N'êtes-vous pas enceinte ?

Vives dénégations de la dame. C'est impossible !
Et rougissante, elle explique comment cela est
devenu tout à fait impossible.

L'explication fait réfléchir le médecin. Le mari
a quarante et un an. C'est bien jeune pour jouer
le rôle de père auprès d'une femme qui va en
avoir trente. D'autant que celui-ci est un homme
bien développé, très vigoureux, qui mène ses affaires — c'est un négociant — avec beaucoup
d'intelligence. Est-il donc malade ? Nullement ;
il mange et boit comme d'habitude ; et on ne
constate dans ses habitudes point d'autre changement que... celui-là.

Ah ! sauf cependant une propension toute nouvelle au sommeil et qui se manifeste à chaque instant : il s'endort à table, s'endort même au milieu de son travail...

Si le médecin n'était pas déjà fixé, du moins savait-il de quel côté diriger ses recherches. Elles lui apprirent que le mari faisait du sucre. Sans patente, vous comprenez. Quatre-vingt-dix grammes par jour. Soit quarante-cinq grammes par litre. Ce que c'est que de nos sentiments ! De ce sucre venait la fadeur des siens qui mettait tant d'amertume dans la vie de sa compagne.

En peu de temps, un traitement approprié fit rentrer cette fabrication dans la limite de 5 à 7 grammes qui n'obligent pas le producteur à s'y spécialiser. On eût cependant aimé, par charité, à en recevoir l'assurance dans ce cas particulier ; mais le récit du docteur s'arrête là et la dame n'y reparaît point.

IX

LA RECHERCHE DE LA PETITE BÊTE

Encore une injustice du sexe fort envers l'autre !
C'est M. Pajot qui la relève et la redresse [1].
Comme tout le monde, lors de ses débuts dans
le professorat, ce qui nous rajeunit d'un quart de
siècle, M. Pajot enseignait que, 99 fois sur 100,
quand un ménage est sans enfants « c'est la faute
à la femme ». Peu à peu l'expérience a modifié
son opinion. Il y a huit ou dix ans, tout au plus,
sur 80 couples improductifs offerts par sa pratique,
il en trouvait sept dont la stérilité avait sa cause
dans le sexe barbu.

Sept sur quatre-vingts, ce n'est guère moins
de 9 p. 100 (exactement 8,75). Nous étions
déjà loin du 1 p. 100 des débuts. Aujourd'hui
que ses observations personnelles dépassent le
chiffre de 400, M. Pajot estime que, 15 à 20 fois

[1] En une leçon faite à la clinique (1886), et publiée par la
Revue obstétricale et gynécologique.

sur 100, l'obstacle est chez le mari. Et comme plus il va plus il voit cette proportion croître, il pense qu'on arrivera au chiffre de 25 p. 100.

Notons qu'aucun caractère extérieur n'est en corrélation avec le caractère profond dont il s'agit et que, par conséquent, de la présence ou de l'absence de celui-ci, les apparences ne permettraient point de juger.

Avec ce grand talent d'artiste dont il est doué et que, n'ayant rien du cuistre, il ne s'interdit pas de mettre au service de sa science consommée, M. Pajot introduit les « bonshommes » sur lesquels furent faites ses premières constatations. Dans le nombre, deux personnages exceptionnels comme taille et comme force, « des gaillards » ce qu'on appelle de beaux hommes. L'un ancien préfet « à coup sûr un préfet à poigne » par amitié pour le docteur lui broyait les phalanges ; l'autre, étranger, riche propriétaire, colossal, avec une belle barbe rouge, une tête de lion, taillé pour revêtir les armures moyen âge. Leurs femmes qui, avec eux ne cherchaient point la petite bête, ne songeaient certes pas à les taxer d'insuffisance.

Celle du dernier contrastait avec lui de la plus aimable façon : mignonne, faite au tour, pleine de grâce, jeune encore (trente ans). La présentant : « Monsieur le docteur, je vous amène ma petite femme — dit le géant — c'est bien gentil, c'est charmant, mais ça n'est bon à rien ; voilà douze ans que nous sommes mariés, et pas d'enfants ! »

Sur quoi le docteur questionne la dame et lui fait passer un examen de capacité dont elle se tire à son avantage : tout boules blanches !

Alors... mais il faut laisser parler M. Pajot : « Je commence à ouvrir l'œil et je dis au mari : voyons donc un peu ; il faudrait que j'examinasse... ceci. — Moi docteur, très volontiers demandez à madame si elle a lieu à se plaindre. » Et profitant d'un moment où elle était au salon : « Voulez-vous que je vous dise ? eh bien ! elle ne peut même pas me suffire et de temps en temps j'ai besoin d'un hors-d'œuvre. »

Eh non ! sa femme n'avait pas lieu de se plaindre. Mais pourquoi ? Parce que comme nous l'avons donné à entendre elle n'était pas micrographe. M. Pajot qu'il l'est : « Voici deux plaques de verre dit-il... vous me les rapporterez demain. » Le lendemain il les mit sur le porte-objet : pas un microbe ! pas un ! pas plus de microbes que sur la... plaque du sous-préfet.

C'était la faute aux maris !

X

SI ON PEUT AVOIR PLUSIEURS PÈRES

Grognier, dans son *Cours de multiplication et de perfectionnement des animaux domestiques*, rapporte qu'en 1815 une jument anglaise, couverte par un couagga, donna un mulet tigré comme le père, et que, saillie ensuite aux dates suivantes : 1817, 1818 et 1823, par des étalons arabes, elle produisit trois poulains tigrés sur fond bai et qui même l'étaient plus que le premier. Quoique le couagga, qui a des rayures comme le zèbre, ressemble beaucoup plus que celui-ci au cheval, n'en ayant qu'aux épaules et au dos, il n'y a point de place ici pour l'illusion et le fait est absolument typique.

D'une façon générale, c'est une opinion accréditée parmi les éleveurs que le premier mâle qui féconde une femelle étend son influence sur tous les produits subséquents de cette femelle avec d'autres mâles, et la formule est du zootechniste précité.

Hippolyte Royer-Collard a rapporté le fait d'une

jument qui, fécondée successivement par deux étalons de races différentes, donna à la suite du second accouplement un petit ayant les caractères du premier. mâle, lequel par conséquent avait .concouru. à sa production. On cite bon nombre de faits du même genre.

Becker pose en principe que si une jument a eu des rapports avec un âne avant d'en avoir avec un mâle de son espèce, le fruit de la seconde union ressemble à l'âne et il en sera de même de tous les poulains ultérieurs.

Mais le phénomène n'est point particulier aux équidés.

Qu'une chienne de race pure descende à un chien de race croisée, cette mésalliance étendra son influence sur la seconde et la troisième portées, même celles-ci résultant d'unions bien assorties.

Également chez les truies. Un sanglier d'un brun très foncé rendit mère une truie pie blanche et noire tachetée, appartenant à la race Western-bred (race de l'Ouest). Les gorets eurent à la fois la robe brune du père et la coloration mélangée de la mère; toutefois, la coloration du premier prédominait. Plus tard, un verrat ayant succédé au sanglier auprès de la truie, parmi les produits de cette nouvelle collaboration, se trouvèrent des gorets vêtus comme le sanglier. Enfin un second verrat ayant pris la place du précédent, cette fois encore les jeunes reproduisirent le type du premier mâle.

. De même dans la race bovine. Une vache de la race d'Aberdeen, reçut un taureau de la race Teeswater ; croisé fut le veau. Unie ensuite à un taureau de sa propre race, elle n'en fit pas moins un veau croisé comme le premier, et quoique les deux auteurs eussent de petites cornes, l'ouvrage en eut de longues.

M. le vicomte de C... m'a écrit : « Je possède une fort jolie épagneule blanche et chocolat foncé, fort séduisante et fort courtisée qui, de conduite assez légère, se fit conter fleurette, à mon grand désespoir, il y a deux ans, par un certain griffon jaune, sale et barbu. Conséquemment elle eut parmi sa trop nombreuse progéniture un griffon plein d'ardeur, jaune, ébouriffé et barbu : je m'empressai d'en gratifier un de mes amis. Je quitte le pays, et me crois débarrassé à tout jamais de cet abominable chien jaune. Cependant mon épagneule, que le veuvage attriste, se remarie de mon consentement avec un délicieux King-Charles noir et blanc. Je guette l'arrivée de mes petits enfants avec anxiété. O joie ! un noir et blanc. Mais, ô douleur, je vois apparaître tout à coup l'image trop fidèle de cet atroce griffon. Et maintenant je tremble et condamne ma chienne au célibat le plus rigoureux, par la crainte de ces affreux chiens jaunes et barbus. »

Un savant anglais, M. Orl, auteur d'un travail sur les rôles respectifs des deux sexes dans la reproduction de l'animal, érige en loi constitutionnelle l'influence d'un premier mâle sur les pouvoirs reproducteurs de la femelle.

Parmi les témoignages les plus récents est celui du Dr Chapuis qui fait rentrer les pigeons dans cette formule.

Ces citations suffisent à montrer la généralité du fait. Les zootechnistes le connaissent; les agriculteurs ont besoin qu'on le leur rappelle : faute d'en tenir compte, ils voient s'altérer les races à la pureté desquelles ils tiennent. Mais le fait n'intéresse-t-il que les éleveurs? Est-ce parmi les animaux seulement qu'un premier progéniteur exerce son action sur le fruit des unions contractées ultérieurement par sa partenaire? Question terrible! Ce vieil adage de droit que l'enfant adultérin peut témoigner de l'innocence de la mère (par sa ressemblance avec l'époux de celle-ci) : *Filium ex adulterâ excusare matrem a culpâ* résout la question par l'affirmative. On ne voit pas d'ailleurs pourquoi l'influence en question ne s'exercerait pas dans le règne humain comme ailleurs.

Telle n'était pas l'opinion de M. B..., professeur d'une de nos écoles de médecine.

« J'attendrai, m'écrivait-il, qu'une femme blanche, veuve d'un nègre et mariée de nouveau avec un blanc, ait engendré avec ce blanc, un mulâtre ou quelque chose d'approchant. Le sanglier, la truie, le verrat et le goret, sont de toute vérité : mais en est-il toujours de même des conclusions tirées d'une simple analogie ? »

Nous répondions que c'était pousser l'exigence un peu loin ! Attendre qu'une découverte soit faite pour en admettre la possibilité, cela est bon pour les académies ; la prévoir est plus glorieux. Pourquoi y aurait-il ici dérogation aux analogies entre l'homme et les animaux? Voilà ce qu'il faudrait expliquer. C'était, dis-je, pousser l'exigence un peu loin. L'influence d'un premier mari ne se peut-elle en effet constater qu'à la faveur de différences aussi tranchées que celle du blanc au noir? La parenté se reconnaît tous les jours à des signes aussi sûrs quoique moins apparents.

Précisément, un médecin qui s'était fait une spécialité du traitement de l'obésité. M. le Dʳ Dancel nous racontait ceci comme étant à sa connaissance personnelle :

« Un des associés d'une riche maison de commerce de France part pour les Grandes-Indes où des affaires le retiennent pendant trois ans. Il laisse sa femme en France où elle accouche cinq ou six mois après son départ d'un enfant qui était tout le portrait de son père ; il avait comme ce dernier les cheveux roux. En l'absence de son mari, la jeune femme eut des relations avec un homme très brun, devint enceinte et accoucha d'un enfant ressemblant parfaitement à son aîné, et par la figure et par la couleur des cheveux. »

Dans une seconde observation que le même médecin a bien voulu nous communiquer, il est question, au contraire, d'une dame qui après avoir eu un enfant de son mari vécut avec lui pendant plusieurs années comme avec un frère. Or étant redevenue enceinte, au cours de cette période, elle accoucha d'une fille qui fut tout le portrait... du père légal? Non : de l'autre. Mais, cette observation est du genre de celles que chacun peut avoir occasion de faire ; nous avons dû la mentionner comme nécesaire à la conclusion de M. Dancel :

« Je dirais, qu'à mon avis, l'influence d'un père sur la première conception est constante dans les suivantes chez les animaux ; qu'elle existe dans l'espèce humaine, mais qu'elle n'y est pas constante. »

Cette conclusion nous suffit, d'autant que rien ne prouve que cette influence s'exerce toujours chez les animaux eux-mêmes.

Cependant il se trouve que la preuve indûment réclamée par le professeur B... s'est présentée au célèbre chirurgien d'Edimbourg, Simpson. Une femme blanche épouse en premières noces un homme de couleur qui lui donne un fils. Elle devient veuve, convole avec un blanc et en a une fille.

Le fils était mulâtre, bien entendu. La fille présente des traces incontestables de sang noir.

Lorsque je faisais ce temps de galères, que par euphémisme on appelle années de pension, deux de mes camarades s'étant pris de violente querelle, l'un après avoir épuisé son vocabulaire d'injures, appela l'autre : bâtard. — Bâtard ! repondit celui-ci; bâtard ! j'ai peut-être plus de pères que toi.

On voit, qu'il pouvait bien avoir raison. Issu du second lit d'une veuve remariée, il pouvait avoir pour pères, le premier et le second époux de sa mère. Dans quelles proportions? Question difficile. De qui, ce poulain zébré mis bas par une jument qui avait eu successivement un couagga et un cheval, était-il le plus fils ? Le couagga lui avait donné la robe et la forme ; avouons que ce couagga eût pu en réclamer un morceau devant le tribunal de Salomon ; la peau tout au moins. Faire une part équitable entre les deux eût fort embarrassé le sage et luxurieux monarque.

Une question qui au contraire n'eût pas fait un pli est celle-ci : qui est la mère de ce poulain? On peut avoir deux pères — au moins ce qui précède paraîtrait-il le prouver — plus d'une mère? non ; et la tendresse d'une seule suffit.

Mais il faut qu'elle soit tendre et que l'avis suivant ne soit pas à son adresse :

« Le nombre des enfants qui succombent pendant l'allaitement *est deux fois plus considérable* pour ceux qui sont élevés par des nourrices mercenaires que pour ceux qui sont nourris par leurs mères, et cela dans tous les pays où des statistiques exactes ont été dressées à ce sujet. Ce chiffre en dit plus que tous les raisonnements en faveur de l'allaitement naturel, si éloquemment réhabilité par Rousseau. »

Qui dit cela? Lallemand, dans son *Traité d'éducation physique*[1]. Mais revenons à notre sujet.

Il est curieux, tandis que le professeur B... qui reconnaissait chez les animaux le genre d'hérédité dont il s'agit, hésitait à l'admettre chez l'homme, de voir Charles Darwin faire exactement le contraire. Que l'enfant d'un second mariage puisse ressembler au premier mari, cela est certain pour le savant anglais tandis que le fait correspondant lui paraît douteux chez les animaux. D'ailleurs, il est tellement convaincu que cette sorte d'hérédité a cours dans notre espèce que ses effets constatés pourraient bien selon lui être la base de la foi populaire à la puissance de l'imagination maternelle. Par conséquent Darwin n'admet pas que cette force, l'imagination, soit l'agent direct de la transmission dont il s'agit.

Il en est autrement du Dr Liébeault. Celui-ci embrassant dans une même formule l'homme et

<hr>

[1] Ire partie, p. 82.

l'animal, ce qui nous semble absolument logique, tient pour certain que la ressemblance de petits avec un mâle auquel la mère s'est unie avant de connaître leur père ne peut être attribuée « qu'au contre-coup d'une réaction morale, à une représentation imaginée et émotive du précédent objet de l'amour de cette mère ». Voici son raisonnement :

« Si un tel résultat était dû à une influence séminale antérieure, comme il arrive aux poules qui ont une seconde couvée, quoique dans l'intervalle elles aient été privées des approches du coq, on aurait déjà vu les... chiennes, cavales, truies avoir, à une ou plusieurs reprises, des petits, après la seule approche du mâle remontant au delà de la première litée ; mais ce prodige est encore à trouver dans la classe des mammifères.... Nous sommes obligé d'admettre une véritable action de la pensée de la mère sur ses produits [1]..»

Ces opinions sont susceptibles de contrôle. Voici selon nous comment il faudrait opérer :

J.-B. Huzard, dans ses *Instructions sur l'amélioration des chevaux en France*, traitant de la monte pour faire des mulets, écrit : « Il est quelquefois nécessaire de mettre des lunettes à la jument pour qu'elle ne voie pas l'âne étalon qu'elle refuse opiniâtrement. Il en est quelque-

---

[1] *Du sommeil et des états analogues*, 189.

fois de même de l'âne qui refuse de couvrir la jument lorsqu'il n'a pas les yeux bandés. »

Cela posé, on unirait une femelle vierge et de race pure et dont les yeux seraient bandés à un mâle d'autre espèce (comme dans le cas du cheval et du couagga ou de l'âne) ou d'autre race, ou qui, de même race, présenterait de remarquables particularités de pelage.

Si, plus tard, après que cette première portée aurait donné ses fruits ; si, dans les portées ultérieures consécutives à des unions de la même femelle avec des mâles exactement pareils à elle, on trouvait des traces du premier père, l'impression maternelle serait hors de cause et c'est l'action sur les œufs qui prévaudrait.

Voici sur le même sujet un fait récemment publié par le journal médical anglais *The Lancet*.

Il est fourni par une famille dans laquelle quatorze individus du sexe masculin appartenant à six générations successives ont été atteints d'*hypospadias*, c'est-à-dire chez lesquels le conduit excréteur du produit des glandes rénales a son orifice anormalement situé. Or, un de ces hypospades étant mort, sa veuve se remaria et quoique le second mari fût bien conformé, les quatre fils qu'elle en eut furent tous hypospades comme le premier et deux transmirent cette malformation à leurs descendants.

Comment a-t-elle pu passer du premier époux

aux fils du second? « Est-ce effet — se demande la
Revue scientifique — de l'impression exercée sur
l'imagination de la mère? » Quoi qu'il en soit il
paraît évident, — ajoute-t-elle, — que chez
l'homme comme chez les animaux une première
imprégnation peut modifier toutes les conceptions
ultérieures et qu'un premier mari peut imprimer
sa ressemblance aux enfants d'un second.

XI

LA REVANCHE DES FEMELLES

Voici quelque chose de plus mystérieux. Il s'agit de l'influence qu'une femelle, à laquelle un mâle s'est uni, peut exercer sur les produits des unions ultérieures du même mâle avec d'autres femelles. Le fait ferait la contre-partie du précédent.

Feu lord Ducie, éleveur célèbre, avait, tous les zootechnistes savent cela, une race de porcs très remarquable, honneur de la porcherie de Totworth, et dont la couleur était blanche ; pour le dire en passant, c'est d'eux que sont descendues les variétés de la petite race blanche, aujourd'hui si commune. Tous les traits distinctifs des hôtes de Totworth étaient parfaitement fixés et jamais un de leurs verrats ne manquait de les communiquer à ses produits ; jamais, surtout, la couleur blanche ne faisait défaut.

Or, lord Ducie donna un de ses étalons à M. Langston, autre éleveur fameux. L'étalon, étant père de quelques-uns des meilleurs sujets de la porcherie de Totworth, était digne en tous points de celui qui le donnait et de celui qui le recevait. Mais M. Langston, par complaisance pour des fermiers de son voisinage, ayant permis qu'on amenât des truies de la race noire de Berkshire, lorsque plus tard l'étalon fut uni à des truies blanches comme lui, il donna des produits tachetés de noir.

Ainsi, non seulement on peut avoir plusieurs pères ; mais ce qui est bien plus fort, avoir dans une certaine mesure plusieurs mères. L'invraisemblance du vrai n'a plus de limites[1].

Mais il est bien clair que cette nouvelle série de faits vient à l'appui de l'opinion qui, dans la précédente série voit l'effet de contre-coup d'une impression cérébrale.

[1] Je tire le fait d'un mémoire de M. de la Tréhonnais, correspondant pour l'Angleterre de notre *Société centrale d'agriculture*.

LIVRE II
AVANT LA NAISSANCE

PREMIÈRE PARTIE
DE LA FABRIQUE DES ESPRITS

CHAPITRE PREMIER
L'ÉDUCATION ANTÉRIEURE

§ I

Le Manuscrit de M. de Frarière

« ..... Tout enfin m'engage à vous soumettre mes idées sur ce que j'appelerai l'*Éducation anté-rieure*, car je ne sais quel nom lui donner. Veuillez lire cet écrit, dont je vous garantis la parfaite exactitude, et vous proclamerez l'immense portée de mes simples observations. » C'était la fin d'une lettre des plus flatteuses, signée d'un nom qui nous était inconnu. Un grand feuilleton tout entier de la *Presse* (de Girardin), dont nous rédigions la partie scientifique, fut notre réponse qui ne se fit pas attendre[1].

---

[1] *Presse* du 21 février 1855.

L'écrit est charmant, y disions-nous. L'auteur est M. A. de Frarière. Ses idées nous plaisent infiniment, et s'il était certain qu'elles fussent vraies, on ne saurait contester la portée qu'il leur attribue. En les faisant connaître, nous espérons leur procurer le contrôle de la réflexion et de l'observation, et nous souhaitons qu'il leur soit favorable.

De l'exactitude démontrée de ces idées, résulterait en effet la possibilité d'un développement moral véritablement prodigieux, et c'est par les femmes, que ce progrès sans limites pourrait s'opérer ; elle seraient pour autant, les suprêmes arbitres des destinées, heureuses ou non du genre humain.

D'après notre correspondant, l'influence des mères sur l'avenir des enfants, est bien plus grande qu'on ne l'a cru. La nature leur assigne, et elles remplissent sans le savoir, un rôle autrement prépondérant que celui dont la sublime évidence éclate. Leur responsabilité prend des proportions incomparables, ce qui ne peut se faire sans entraîner un élargissement de leurs droits. Or, toute vue tendant à grandir et ennoblir le rôle des femmes, à accroître le tribut de respect et de reconnaissance qui leur est dû, tend par cela même au bonheur de l'espèce inséparable de sa dignité ; c'est pourquoi nous souhaitons que les idées de M. de Frarière soient vraies.

Lorsque la femme sent s'accomplir en elle le mystère de la maternité, elle n'a pas seulement charge de la vie du nouvel être. L'action maternelle est pendant la grossesse, ce qu'elle sera après la naissance, double, spirituelle aussi bien que matérielle. Déjà incombe à la femme envers son fruit, une fonction intellectuelle et morale. Déjà commence ce rôle d'éducatrice, qu'elle pensait n'avoir à remplir qu'après sa délivrance. Bien plus, ce noble et doux rôle dont une mère ne se dispense qu'en violation de la loi naturelle, violation aussi flagrante, que lorsque cette même mère se décharge autrement que contrainte et forcée des saintes fatigues de l'allaitement, serait plus considérable après qu'avant la naissance. Il se passe en effet dans la sphère psychique pendant la gestation, des choses exactement parallèles à celles qui ont eu lieu dans le domaine physiologique, et c'est alors que la double influence maternelle atteint son maximum. Or, il y aurait un art de faire jouer cette influence. De là l'expression : *Éducation antérieure.*

Telle est la pensée fondamentale du système de M. de Frarière, qu'il ne donne pas à titre de vue préconçue, mais comme la conséquence d'un grand nombre d'observations que chacun peut répéter. C'est cette vérification que nous appelons de nos vœux.

A la vérité, l'auteur du manuscrit entre dans son sujet par une porte suspecte :

« C'est, dit-il, une croyance généralement reçue parmi tous les peuples de la terre que les impressions qu'une femme reçoit pendant sa grossesse, exercent une telle influence sur l'enfant qu'elle porte dans son sein, qu'il reste souvent des marques indélébiles des objets qui ont frappé ses regards. »

Et il cite les faits suivants comme étant à sa connaissance personnelle :

« J'ai vu, en Italie, une charmante jeune fille appartenant à l'une des plus grandes familles de la Lombardie, qui était obligée de porter constamment un fichu épais sur ses épaules, ce qui au bal paraissait très singulier. Elle avait un signe qu'on trouvait hideux : c'était une chauve-souris, les ailes déployées, dessinée en relief et comme posée sur ses blanches épaules. Rien n'y manquait : le poil gris-noir, les griffes et le museau se détachaient parfaitement sur sa peau de satin. Voici ce que j'ai appris. Une chauve-souris, attirée par les lumières, était entrée dans une salle de bal et avait effrayé toutes les dames. Poursuivie à coups de mouchoirs, elle s'était abattue sur les épaules de la comtesse d'A..., et l'impression de terreur avait été si forte, qu'elle s'était évanouie. Peu de temps après, elle accoucha d'une charmante petite fille qui portait le signe fatal que la peur avait imprimé sur son col. » .

Il raconte encore ceci :

« Ayant rencontré un jour dans la Suisse italienne, un très joli enfant accompagné d'un domestique, je fus très surpris de le voir se servir des deux mains pour ramasser un caillou. Lorsque je fus près de lui, je m'aperçus qu'il n'avait pas de mains. Il était né sans mains, et voici ce que j'appris à cet égard :

« M^mo V... étant sortie seule pour visiter une amie qui demeurait dans le voisinage, fut poursuivie par un pauvre estropié qui, pour exciter sa pitié, lui tendit ses deux bras mutilés. Cette vue fit sur elle une telle impression qu'elle s'évanouit. Trois mois après, elle accoucha de l'enfant que j'avais rencontré. »

Voilà un début de nature à inspirer des préventions contre tout le système, les physiologistes s'accordant à nier la mystérieuse influence qu'admet M. de Frarière. On ne nie pas, bien entendu, qu'une émotion violente, éprouvée par une femme grosse, puisse avoir du retentissement dans l'organisation du fœtus ; chacun sait, que diverses monstruosités ont de pareilles perturbations pour cause. Ce qu'on nie, c'est que les taches connues sous le nom d'*envies (nœvi)*, puissent offrir, en conséquence d'une relation de cause à effet, l'image d'objets dont la vue aurait affecté une mère pendant la grossesse. Bien que les physiologistes soient unanimes sur ce point, et que le judicieux auteur de l'*Histoire des anomalies* se prononce dans le même sens, nous ne croyons pas qu'on doive repousser sans examen le témoignage d'un homme aussi éclairé que M. de Frarière, déclarant avoir une connaissance personnelle de faits en opposition avec l'opinion reçue.

C'est qu'en effet, un résultat négatif est toujours sujet à revision. A-t-il contre soi une croyance universelle, tenons-le pour suspect; qu'à chaque fait nouveau venant le contredire, il subisse donc une vérification nouvelle.

Quelques exemples montreront s'il convient d'en agir ainsi :

On a su de tout temps et en tous pays, que des pierres tombent du ciel. Cependant, il n'y a pas encore un demi-siècle, que suivant les expressions de Bigot de Morogues, les savants « se faisaient un point d'honneur de ne s'occuper de ce grand phénomène que comme d'un préjugé ridicule ou superstitieux ». Or, la chute des pierres ne constitue ni un fait rare, ni un fait local, et ce n'est pas ce que son histoire a de moins extraordinaire que l'authenticité en ait été si longtemps méconnue par les physiciens.

Pour justifier les académies de leur rôle trop peu glorieux, en cette occasion, on a fait valoir les circonstances fabuleuses dont la crédulité populaire a constamment entouré le phénomène météoritique. On a argué, par exemple de ce nom : *pierres de tonnerre*. En est-il de plus absurde pour quiconque n'ignore pas l'identité de la foudre et de l'électricité, et l'homme instruit à qui on venait parler de pierres de tonnerre, n'était-il pas en droit de détourner le dos au narrateur ?

Rien de plus absurde, sans doute, à un jour donné. Mais le jour suivant ? Qui sait ! Ecoutez Arago :

« Sans vouloir assurément réveiller des idées surannées touchant les pierres de tonnerre, je dirai qu'il n'est point prouvé qu'on doive rejeter comme mensongères toutes les relations où il est parlé de coups de foudre accompagnés de chute de matières. Sur quoi se fonderait-on pour s'inscrire en faux contre ce fait que je tire des œuvres de Boyle : — « En juillet 1681, la foudre pro-« duisit beaucoup de dégâts près du cap Cod, sur « le bâtiment anglais *l'Albemarle*. Le coup de « foudre fut suivi de la chute, dans la chaloupe « même, suspendue à la poupe du navire, d'une « matière bitumineuse qui brûlait en répandant « une odeur semblable à celle de la poudre à « canon. Cette matière se consuma sur place ; on « avait essayé vainement de l'éteindre avec de « l'eau ou de la projeter au dehors en se servant « de tiges de bois. »

Et, en effet, après les expériences de Fusinieri, qui nous ont montré l'étincelle électrique chargée de particules pondérables, après ce que nous avons appris touchant les transports opérés par la foudre, et sur les éclairs de troisième classe (foudre globulaire), qui oserait dire que l'expression de pierre de tonnerre ne répond jamais à rien de réel?

C'était encore une chose admise par tous les physiciens, que la lune, à son plein, n'a sur l'atmosphère aucune action calorifique. En un jour, ce résultat négatif de tant d'expériences délicates fut renversé par la conclusion positive d'une expérience de Melloni, bientôt confirmée par celles de Knox, Zantedeschi, etc.

Nier que les savants sont d'autant plus disposés à restreindre le rôle météorologique de la lune, que le gros public est davantage porté à lui conférer un très grand, ce serait faire preuve de peu de connaissance du cœur humain en général et de celui des savants en particulier.

On multiplierait ces exemples à l'infini. Concluons qu'on ne doit qu'avec la plus grande réserve attribuer la valeur de la chose jugée à un résultat négatif, auquel l'occasion s'en présentant, il ne faut jamais hésiter à faire rendre des comptes.

Revenant à notre sujet, sur quoi repose le sentiment des physiologistes? Sur l'observation de tous les faits invoqués à l'appui de l'influence qu'ils déclarent chimérique? Non; sur l'examen seulement de quelques-uns. L'arrêt ne vaut donc que contre ces derniers; il n'a pas l'autorité qu'on lui suppose.

Pour que la négation des physiologistes eût une valeur absolue, il faudrait, puisqu'elle ne se fonde que sur un certain nombre de faits, que l'influence dont il s'agit ne put être réelle une fois qu'à la condition de l'être toujours; mais où en est la nécessité? Voici des distinctions qu'il nous paraîtrait utile de faire :

1° Le *nœvus* (l'envie) pourra résulter de l'ébranlement nerveux que la vue d'un certain objet aura déterminé;

2° Le *nœvus* pourra n'avoir pas cette origine.

Et, dans les deux cas, il y a ces divisions à établi, savoir :

Dans la première :

a. L'*envie* reproduira plus ou moins exactement la forme de l'objet;

b. Il n'y aura entre l'envie et l'objet aucune ressemblance de forme appréciable.

Et dans le second :

a'. L'*envie* ne ressemblera à aucun objet déterminé;

b'. L'*envie* aura une ressemblance fortuite, tout à fait accidentelle avec un objet déterminé.

Ni le vulgaire, ni les savants ne se sont donné la peine d'établir ces distinctions.

Ayant une fois constaté, — qu'on croie l'avoir fait, cela revient au même, — les effets de l'influence en question, le vulgaire ne met pas en doute que la cause dont les résultats sont devant ses yeux n'en produise de pareils toutes les fois qu'elle intervient; il ne doute pas davantage que tous les produits analogues n'aient la même origine; c'est-à-dire qu'il fausse par une généralisation arbitraire un fait vrai (par hypothèse), dans ses limites.

Qu'au contraire le savant ait à examiner un des phénomènes dans lesquels cette croyance voit sa justification. D'abord, il faut le dire, c'est toujours avec plaisir que le savant se sépare d'une opinion populaire; et, d'après la manière dont celle-ci s'est établie, les chances sont évidemment nombreuses pour que l'examen du phénomène supposé tourne contre elle. S'il l'infirme, le physiologiste l'ayant une fois trouvé en faute, inclinera à lui refuser toute espèce de fondement, car la tendance à généraliser n'est pas moins abusive chez les hommes de science que chez le commun des martyrs; seulement le peuple généralise plutôt ses affirmations et le savant ses négations; c'est la principale différencé.

Quant à la difficulté d'expliquer les effets des impressions maternelles, ce n'est pas un argument. « Où en serions-nous, dit Arago, si on se mettait à nier tout ce qu'on ne peut pas expliquer? »

D'ailleurs, la chose ne serait peut-être ni plus extraordinaire, ni plus inexplicable que le phénomène des images photographiées par la foudre sur les personnes qu'elle frappe. Je citerai le fait d'une femme assise, pendant un orage, près d'une fenêtre ouverte, sur laquelle se trouvait une fleur dans un pot : la foudre lui imprima à la jambe l'image de cette fleur. Le rapprochement est justifié par l'analogie de l'électricité et de la force nerveuse, analogie telle qu'on est autorisé à les regarder comme des formes différentes d'un même principe, comme consistant toutes deux en des vibrations de l'éther.

Au reste, le succès de la thèse de M. de Frarière n'est pas nécessairement lié à la réalité des faits qu'il a cru devoir prendre comme point de départ; et on va voir qu'elle pourrait être parfaitement juste, lors même qu'ils seraient illusoires.

Les suivants s'y rattachent au contraire directement : il s'agit d'impressions morales déterminées qui, éprouvées par une femme grosse, se seraient réfléchies chez l'enfant en certaines bizarreries concordantes de caractère.

A cet égard M. de Frarière cite le roi d'Écosse, Jacques II, portant dans son esprit l'indélébile empreinte de la terreur que sa mère, étant grosse de lui, avait éprouvée en voyant les épées nûes des complices de Bothwell percer jusque dans ses bras le malheureux Rizzio. Quoique très courageux, le fils de Marie Stuart ne pouvait voir une épée nue sans se trouver mal.

Il cite également un général français renommé pour sa vaillance... et la peur qu'il avait des araignées.

Enfin il raconte ceci :

« M. S..., un des braves officiers de l'armée anglaise, parvenu au grade de colonel par son seul mérite et qui s'était acquis une grande réputation comme chasseur de tigres et d'éléphants, avait extrêmement peur des tout petits chiens ; or sa mère avait été mordue, lors de son *intéressante position*, par un de ces favoris des dames. Je vis un jour le colonel S... sauter lestement, malgré ses soixante ans, sur le comptoir d'un magasin, parce qu'un de ces animaux aboyait après lui. C'est lui-même qui nous expliqua la cause de sa terreur, ce qui divertit les personnes présentes. »

Il n'échappera à personne que ces faits sont dans l'ordre moral exactement ce que les *envies* et *regards* sont dans l'ordre physique. Un même pouvoir mystérieux imprime sur le corps ou dans l'esprit de l'enfant l'ineffaçable souvenir d'un ébranlement nerveux ressenti par la mère : image matérielle dans un cas, image psychique ou idée dans l'autre. Ces deux séries de faits parallèles ne forment, d'ailleurs, que les préliminaires du système dont l'auteur formule ainsi le principe, nécessaire à l'appréciation de ce qui va suivre :

« La première éducation d'un enfant se fait alors qu'il est encore sujet à toutes les impressions que sa mère peut éprouver avant de lui donner le jour. Si la mère se livre, pendant sa grossesse, à des occupations uniformes excluant toutes pensées prédominantes, l'enfant n'aura que des capacités ordinaires ; son âme, n'ayant reçu aucune influence particulière, pourra se plier facilement à tout, sans briller particulièrement dans aucune spécialité : ce sont là les cas les plus ordinaires.

« Mais si la mère est dominée par des pensées d'un genre exclusif, si elle se livre à des occupations qui exercent ses idées et forcent pour ainsi dire les ressorts de l'âme jusqu'à produire l'exaltation, oh ! alors l'enfant participe à coup sûr de ces facultés extraordinaires, qui étonnent d'autant plus que le père ne les possède point et que la mère ne les a possédées que momentanément et en imagination, ce qui fait que souvent elle n'en a gardé aucun souvenir. »

Passons aux observations.

M. de Frarière cite un jeune pâtre doué d'une aptitude particulière pour le calcul, et il explique le développement de cette faculté par ceci : que, pendant une certaine époque de sa grossesse, la mère s'était particulièrement adonnée à ce genre de calcul si usité parmi les gens de la campagne, et dont LA FONTAINE a laissé un type heureux dans *La Laitière et le pot au lait* :

> Notre laitière ainsi troussée
> Comptant déjà dans sa pensée
> Tout le prix de son lait, en employait l'argent
> Achetait un cent d'œufs, faisait triple couvée...

Il paraît que la mère du pâtre était arrivée à un degré d'exaltation arithmétique véritablement prodigieux.

Il cite encore un de nos grands peintres comme devant les merveilleux talents manifestés par lui dès les premières années de sa vie à l'admiration que sa mère avait éprouvée en voyant, pour la première fois étant grosse, les innombrables chefs-d'œuvre du Louvre.

Mais c'est sur le terrain des observations personnelles qu'il faut suivre M. de Frarière ; je citerai les suivantes :

Premier fait. — « Une dame de ma connaissance, qui possédait un talent remarquable sur la harpe, ayant passé tout le temps d'une de ses grossesses à faire de la musique, l'enfant est venu au monde doué des dispositions les plus merveilleuses pour la musique. Dans une autre circonstance, l'état de sa santé ne lui ayant pas permis de se livrer à son étude favorite que même elle avait pris en dégoût, pour se livrer au dessin et à la broderie, l'enfant qu'elle mit au monde sous cette nouvelle impression a également éprouvé une véritable aversion pour la musique. Une troisième couche ayant eu lieu dans les mêmes conditions, l'enfant, qui, cette fois, était un fils, a montré des dispositions étonnantes pour le dessin et tout ce qui s'y rapporte, et la même répugnance pour la musique que la fille née précédemment. »

Deuxième fait. — « Pendant mon séjour en Italie, j'ai connu une famille B..., dont les membres, très nombreux, étaient tous excellents musiciens. Leurs parents, musiciens ambulants, semblaient leur avoir communiqué le génie de la musique. Mlle B..., l'une des premières actrices de l'Italie, ayant épousé le comte de M..., dut renoncer au théâtre. Pendant sa retraite elle eut deux fils et une fille. Longtemps après, le comte de M... lui ayant permis de reprendre sa carrière musicale, elle eut un succès d'enthousiasme qu'elle devait peut-être à son double titre de prima-donna et de comtesse.

« Un troisième fils vint au monde à cette époque. Celui-ci, dès son enfance, annonça les plus brillantes dispositions pour la musique, tandis que ses frères et sa sœur n'avaient jamais manifesté aucun goût pour l'art qui avait rendu sa mère si célèbre. Nous étions à peu près du même âge et, de plus, rivaux, car Rossini protégeait beaucoup le petit Ruggiero, ce qui me rendait un peu jaloux. Rossini lui-même attribuait ce génie naissant aux circonstances dont j'ai parlé; il me l'a répété plus d'une fois, alors que j'allais tous les matins chez lui, dans l'espoir, souvent déçu, d'obtenir ses conseils. »

Troisième fait. — « Un chanteur, qui a fait pendant ces dernières années les délices des salons de Paris, M. D..., a eu deux filles. L'aînée est venue au monde pendant l'époque brillante de cette vie d'artiste. Elle a aujourd'hui seize ans, et à peine savait-elle parler qu'elle montrait déjà des dispositions étonnantes. Elle se propose d'entrer au théâtre. Sa sœur, par contre, étant née pendant que son père était réfugié en Belgique et que sa mère s'occupait de travaux d'aiguille pour subsister, n'a aucune disposition et même déteste la musique. »

« Je pourrais citer une multitude de faits semblables, ajoute M. de Frarière; car je n'ai jamais négligé de remonter à la source des dispositions merveilleuses qu'on rencontre chez certains enfants et j'ai toujours acquis la preuve d'une parfaite concordance entre ces dispositions et une passion souvent momentanée de la mère pour les connaissances et les talents dont les enfants possèdent le germe précieux qu'il s'agit de développer. »

Telles sont ses idées, idées charmantes que nous voudrions pouvoir dire vraies. Elles paraissent avoir été aussi celles du père de Henri IV. Ne disait-il pas à sa femme d'être gaie, ne lui demanda-t-il pas de chanter à l'instant où les autres femmes crient, donnant pour raison qu'il ne voulait pas qu'elle accouchât d'un enfant malingre et pleureur?

La précaution était sans doute un peu tardive ; il put néanmoins lui attribuer du succès, car fut-il jamais prince d'humeur plus aimable que ce bon roi Henri qui promettait la poule au pot à son peuple et faisait pendre les braconniers pour délit de chasse? Il est vrai que poule et faisan font deux.

C'est ainsi que nous introduisions dans la grande publicité, le nom et le système de M. de Frarière, celui-là nouveau, celui-ci inédit.

« Le grand retentissement dont cet article a été suivi, me permettait d'espérer, a écrit M. de Frarière, que l'ouvrage auquel il servait de préliminaire serait accueilli avec faveur.

« Je ne puis dire qu'il en ait été ainsi[1]. »

De son côté, l'éminent docteur Liébault cons-tate que l'auteur de cet ouvrage recueillit plus de railleries que d'encouragements : « Seuls, deux ou trois écrivains soucieux du vrai, et n'ayant pas par position à ménager les préjugés scientifiques ou l'omnipotence des académies, ont approuvé un livre, qui sous le rapport de l'initiative est une courageuse sortie hors des rangs[1]. » Nous tenons à honneur d'avoir été le premier en date de ces deux ou trois écrivains. Notre appréciation eût pu même être qualifiée d'antérieure, puisqu'elle précéda et de beaucoup, l'impression du livre, ce que M. de Frarière s'est plu à dire et redire dans la préface de sa seconde édition.

L'article de la *Presse* motiva une communication de M. H. Duport, qui, dans un ouvrage intitulé : *Conseils sur l'éducation,* avait quatre années auparavant écrit sur le principe des influences maternelles, quelques pages intéressantes en tant qu'adhésion motivée à ce principe; comme réclamation de priorité, elles seraient sans valeur, M. de Frarière ne s'étant pas borné à

[1] *Éducation antérieure. Influences maternelles pendant la gestation sur les prédispositions morales et intellectuelles des enfants,* par M. de Frarière. Nouvelle édition revue et augmentée, in-18 de 336 pages, Paris, 1862, page 11.

[2] *Du sommeil et des états analogues considérés surtout au point de vue de l'action du moral sur le physique.* Paris, 1866, page 178.

adopter une idée qui n'était à personne, mais l'ayant appuyée d'observations nouvelles, par le moyen desquelles il l'a faite sienne dans une certaine mesure.

L'idée était ce qu'on eût pu appeler du vieux neuf si l'expression avait été dès lors en circulation ; elle était véritablement renouvelée des Grecs et des Romains, ce qui n'est fait pour diminuer ni sa valeur intrinsèque ni le mérite personnel de son moderne promoteur.

§ II

Son livre.

Comme on le pense bien, l'ouvrage de M. de Frarière[1] fut beaucoup plus riche en faits que le manuscrit d'après lequel nous en avions exposé le système. Quelques-uns y reçurent en outre des développements que la première communication ne comportait pas ; plusieurs mêmes se trouvèrent avoir une suite postérieure à cet article qui appelle donc un complément.

[1] Paru en 1855, sous ce titre : *Éducation antérieure, recherches et instructions sur les influences maternelles*, in-18 de 184 pages, avec un appendice de 8 pages, Paris, Dumineray.

Les observations produites par M. de Frarière sont de deux sortes : les unes fournies par l'homme, les autres par les animaux.

Yolande, chienne de chasse, dont il eut occasion d'apprécier les rares qualités, les devait, d'après le propriétaire de la bête, chasseur consommé, non pas seulement à ce que la mère en avait été douée, — car toutes les portées étaient loin de donner de pareils résultats — mais aussi à ce que, pendant la gestation, la méthode qu'il conseillait, pour avoir de bons chiens de chasse, consistant à tenir dans un état d'activité continuel la chienne dont on voulait garder les petits, avait été soigneusement appliquée : « Ne la fatiguez pas trop, disait-il, ménagez-la même autant que possible, mais ayez soin de la promener chaque jour dans les terres giboyeuses, de lui faire suivre la piste, d'exercer et de maintenir son ardeur, et vous serez à peu près sûr que sa portée, une partie au moins, manifestera en son temps une rare intelligence pour la poursuite du gibier. »

M. de Frarière fait dire à un officier d'Afrique, qui avait observé la manière d'être des Arabes envers leurs chevaux, qu'ils croient fermement à l'influence du caractère de la cavale sur le poulain ; ils prennent grand soin de la maintenir dans de bonnes dispositions pendant toute la durée de la gestation, et sont persuadés que la race seule ne suffit pas pour avoir un poulain doué des qualités que chez eux on recherche par-dessus tout, etc.

Il fait dire à un troisième et très bon observateur : que le meilleur moyen d'obtenir des chiens et des chats d'un caractère doux, éducables, prédisposés à toutes les gentillesses qui peuvent rendre ces animaux si aimables est de tenir la mère en bonne humeur pendant la gestation, d'écarter d'elle toute cause d'irritation, d'exercer son intelligence. Il raconte à l'appui l'observation suivante qui a le caractère d'une expérience.

Le prieur du Grand-Saint-Bernard avait fait au père du narrateur, le cadeau magnifique d'un couple de jeunes chiens qui furent élevés avec tous les soins imaginables et devinrent si énormes, que malgré leur douceur, le voisinage les prit en crainte, si bien que dans le cours de seconde année il fallut les attacher pendant le jour, ce que le prieur avait bien recommandé de ne pas faire.

J'ai oublié de dire qu'à la fin de la première année ils avaient eu des petits dont on avait permis à la femelle d'élever deux qui furent de vrais agneaux comme père et mère.

La seconde portée ne vint qu'après que l'habitude eût été prise de les tenir à la chaîne.

Or, le prieur avait prescrit au cas où s'imposerait une extrémité aussi fâcheuse, de

ne pas conserver les petits nés dans cette condition. On n'en tint compte. Qu'arriva-t-il ? Qu'il
fallut les tuer. Tout jeunes encore, ils montraient
un caractère farouche. Comment ne pas soupçonner un rapport de cause à effet, entre ce résultat
et l'existence imposée à la mère qui « passait ses
journées triste, sombre et souvent colère, essayant
de briser sa chaine pour se jeter sur les enfants
du village qui la faisaient enrager à travers la
grille de la cour, près de laquelle était sa
niche ? »

Autre observation à la connaissance personnelle
de M. de Frarière. A Milan, près du pont de
Porta-Tosa, *Il signor* B... débitant de tabacs,
vivant seul, avait pour domestique une chienne de
l'espèce du barbet, accomplie au physique et au
moral. Il lui faisait faire ses commissions, l'en-
voyait chez le boucher, le boulanger, la blanchis-
seuse ; rarement se trompait-elle. Il en était très
fier. On en retenait les petits longtemps d'avance.
Elle était née chez son maître et d'une bête qui
avait appartenu à celui-ci, et ce maître attribuait
la vive intelligence de la fille aux leçons données
à la mère pendant la gestation.

Ces faits cités, l'excellent auteur croit devoir se
disculper du reproche d'avoir établi entre la
femelle des animaux et la femme reine dès êtres
vivants, une comparaison offensante pour celle-ci,
et, s'il le fait sans utilité, il le fait d'une superbe

et péremptoire manière, en montrant d'un mot combien au fond cette comparaison relève notre espèce ; l'influence maternelle, inconsciente et circonscrite chez l'animal, étant chez la femme susceptible de subir la direction de celle-ci : « La femme seule a donc reçu du Créateur ce magnifique privilège, cette mission presque divine dont l'historien sacré entendait peut-être parler en disant qu'elle briserait la tête du serpent symbole des mauvaises passions que l'homme transmet de génération en génération à ses enfants ; elle aurait donc le pouvoir d'en détruire le germe, ou du moins d'en prévenir le développement, si elle le voulait sérieusement. »

Mme de P... l'avait voulu. Cette dame avait eu, lors de sa première grossesse, « une espèce d'intuition de la puissance des impressions maternelles ». Pendant neuf mois, elle s'était appliquée à fuir toute cause physique ou morale d'influence fâcheuse sur le caractère du petit être qu'elle portait. Avec la même attention, elle avait recherché ce qui pouvait exercer une influence propice ; s'était livrée à des études variées, même sérieuses, apportant à ces dernières une certaine prudence. Douée d'un rare talent musical, elle l'avait exercé avec délices. Elle avait vécu dans l'intimité du Tasse et de Dante, ses auteurs favoris, avait relu des fragments de Shakespeare et de Pope, s'était redit des pièces de Corneille et de

Racine qu'elle savait par cœur, s'était rempli les yeux et l'âme de la contemplation des œuvres des grands peintres.

Elle eut une fille douée de toutes les qualités qui peuvent faire l'orgueil d'une mère. Il n'était pas un talent que Mlle de P... ne possédât à un degré éminent. Elle s'exprimait avec grâce et distinction dans ces cinq langues : latin, italien, allemand, anglais et français. Elle excellait dans les arts d'agrément. M. de Frarière l'avait connue, et c'est de la mère elle-même que, la jeune dame étant morte, il tenait l'explication de ses rares talents.

Deux autres enfants, deux fils qu'eut Mme de P..., montrèrent aussi bien que leur sœur ainée l'influence des conditions dans lesquelles s'étaient passées les grossesses dont ils étaient le fruit. La mère avait été enceinte du premier dans une année d'agitation guerrière au milieu de laquelle les devoirs de son mari l'avaient elle-même obligée de vivre. L'enfant apportait en naissant une âme de soldat. « Dès que cet enfant entendait le son du tambour, il tressaillait ; l'appel de la trompette, la détonation d'une arme à feu illuminaient sa belle physionomie, et une expression de fierté se dessinait sur ses traits. » Rien ne put le détourner de sa vocation militaire ; lieutenant à dix-huit ans, il disparut dans la première tourmente où la destinée le jeta.

§ III

Une confirmation du système.

Au moment où le système de M. de Frarière faisait sa première apparition : « Mme Borghi-Mamo, en pleine grossesse et même bien près de son terme, chantait trois fois par semaine *Azucena* du *Trovatore*.

« Elle chantait encore la veille même du jour où l'on put faire imprimer que la mère et l'enfant se portaient bien.

« Alors les plaisants de dire : Si l'*Education antérieure* est une vérité, et si M. de Frarière est son prophète, quel musicien que ce petit ou cette petite Mamo !

« Là-dessus on riait... »

C'est M. H. de Pène qui sous le pseudonyme de *Nemo* s'exprimait ainsi à la date du 14 novembre 1859 dans le journal *le Nord*, faisant plus qu'une allusion à ce que, trois ou quatre ans auparavant, M. Jules Lecomte qui s'était signalé par ses plaisanteries contre l'*Education antérieure* avait écrit dans l'*Indépendance belge :*

« Et, tenez, l'autre soir — avait-il écrit — Mme Borghi-Mamo chantait aux Italiens, la veille même du jour où l'on put faire imprimer que la

mère et l'enfant se portaient bien.! Quel musicien
que ce petit ou cette petite Borghi-Mamo ! Tout
cela est drôle, mais c'est absurde... »

Nemo était donc exact jusqu'à la lettre. Continuons son article :

« Là-dessus on riait ; mais voilà que l'événement a donné singulièrement raison à M. de Frarière, puisque cette enfant semble en effet avoir
reçu des leçons de musique antérieurement à sa
naissance. »

Dès le début de son article. *Nemo* avait en effet
raconté ceci de « la petite Mamo » .

« C'est un miracle d'ouïr cette virtuose en
herbe, qui n'a jamais reçu une leçon comme
vous pensez, chanter d'un bout à l'autre le rôle
de Rosine pour l'avoir entendu étudier à sa mère.
Elle reproduit, avec sa petite voix de cristal, tous
les traits, toutes les finesses, toutes les intentions
et toutes les broderies les plus délicates de l'interprétation maternelle. Aucune nuance du personnage n'échappe à cette Rosine mouche. Elle a
de qui tenir, du reste : fille de la Borghi, elle a
pour marraine la Frezzolini...

« Rossini a entendu avec stupéfaction l'enfan-
tine héritière de ces deux beaux noms artistiques. »

Disons à l'honneur du correspondant de l'*Indépendance belge* qu'il sut par la suite reconnaître
et confesser la légèreté de sa première appréciation : « ...Je ne connaissais — écrivait-il en ma-

nière d'amende honorable — que des extraits de son œuvre (de l'œuvre de Frarière)... L'ingénieux auteur accumule des faits et des exemples... il est impossible à cette lecture... de ne pas s'arrêter, non plus pour sourire mais pour réfléchir. » A la bonne heure ! péché ainsi avoué est complètement pardonné.

Dans le même article, *Nemo* mentionnait en ces termes un Breton, officier général éminent et amateur forcené de musique : « Quand son grade et ses fonctions lui permettent par hasard de vivre *at home*, les trios, quatuors et quintettes font rage dans la maison. Justement il fut plus sédentaire que jamais pendant la grossesse de sa femme, dont la phase de gestation fut remplie par des concerts perpétuels. Et puis, après neuf mois de régime, la mère a mis au monde un charmant argument en faveur de l'*Education antérieure*. »

Cet argument-ci est du sexe masculin. A peine plus âgé que la fille de la cantatrice, le fils du dilettante à graines d'épinard : « montrait des dispositions peut-être plus surprenantes encore. Ce petit prodige-ci n'est pas seulement un surprenant virtuose de naissance sur le piano ; de plus, il compose, il écrit des sonates et des symphonies sans qu'on lui ait jamais enseigné une note. C'est absolument sur un autre terrain la précocité de Blaise Pascal. »

Il faut dire cependant que si ces petits prodiges musicaux témoignent en faveur du système de M. de Frarière on ne peut les considérer comme des produits exclusifs du seul facteur considéré par ce système. Personne en effet ne tiendra pour nulle l'action exercée sur la fille de la grande cantatrice et sur le fils de l'officier mélomane par les milieux où ils ont vécu dès leur naissance, les exemples qu'ils n'ont cessé d'avoir sous les yeux et la perpétuelle leçon de fait qu'ils ont reçue.

CHAPITRE II

COMPLÉMENTAIRE DU PRÉCÉDENT

Nous nous séparons ici de M. de Frarière ; mais non de sa thèse à l'appui de laquelle nous apporterons nombre de faits et qui sera enveloppée dans les choses qui vont suivre. Parmi ces faits il en est dont l'ingénieux auteur n'eût pu manquer de se prévaloir s'il avait prétendu à l'érudition et voulu faire un traité au lieu de se renfermer dans son rôle d'initiateur consistant à montrer le but, et à ouvrir la voie.

Il eût pu insister fortement sur l'antiquité et par conséquent sur l'universalité de la croyance aux influences maternelles tant corporelles que psychiques. Il eût dû le faire : le consentiment des temps et des lieux constituant à un moment donné, qui dans l'espèce est celui où nous sommes, un argument de très grande force. Je m'explique.

Tant qu'on n'a pas de raisons directes, indépendantes pour admettre la réalité de phénomènes attestés par la voix populaire, l'attestation n'a que la valeur d'un renseignement : c'est un renseignement à vérifier; peut-être met-il sur la voie d'une découverte; il doit préparer à en saisir l'occasion, disposer à la faire naître. En attendant, les esprits sagaces sont avertis d'avoir à garder la neutralité entre la multitude des personnes qui affirment et le petit nombre de celles qui nient, les unes et les autres de confiance : les premières par soumission aux préjugés reçus, les secondes par dévotion à la science acquise, celles-ci et celles-là en vertu d'*a priori* qui flattent leurs dispositions mentales. Telle est la règle tant qu'il n'existe pas de motifs directs d'attribuer un fond de vérité à une croyance générale. Que si on pense avoir pareils motifs de la nier, alors, la règle doit être d'en avoir beaucoup avant de se fier à eux.

Une fois acquis un commencement de faits justificatifs d'un croyance populaire, elle cesse d'être un simple renseignement et tend à devenir une preuve. A supposer qu'une croyance universelle puisse manquer de toute espèce de base, il implique en effet qu'un phénomène naturel apparent, fréquent et spontané, n'ait pas été observé à diverses époques et en diverses contrées; si bien que l'authenticité d'un pareil phénomène seulement soupçonné par la science, auquel manquerait ce témoignage des temps et des lieux, serait par cela seule douteuse. D'où suit, puisque ce témoignage est nécessaire, qu'il n'est pas négligeable ; et en effet, conférant au phénomène entrevu dont nous faisons l'hypothèse, l'universalité qui doit lui appartenir, le consentement populaire en démontre pour autant la réalité et dans cette mesure prend le caractère probant. Ajoutons que, s'il était des circonstances où ces considérations dussent être plus particulièrement fondées, ce serait lorsque les choses en litige sont telles qu'elles ne sauraient jamais manquer de spectateurs et se passent toujours devant des observateurs intéressés à les connaître ; lorsque enfin elles sont présentées par nous-mêmes et liées à notre nature, comme c'est le cas pour les influences maternelles.

Or nous trouvons la croyance aux influences maternelles jusque :

§ I

Chez les sauvages.

L'auteur des *Primitifs*, M. Elie Réclus, raconte en effet que chez les Inoïts (Eskimaux) les sorciers, qui sont les prêtres, ne recrutent point leurs élèves au hasard : « On en a vu qui s'adressaient à des époux particulièrement qualifiés, leur demandant un sujet d'élite à former, même avant sa naissance, par une éducation appropriée et un entraînement spécial. Le père et la mère du futur sorcier jeûneront souvent et longtemps, rechercheront certaines viandes, en éviteront d'autres, supplieront les ancêtres d'envelopper le précieux rejeton de toute leur sollicitude. »

Passons l'équateur.

Selon la conviction des nègres parmi lesquels M. du Chaillu a voyagé, si une femme près de devenir mère, ou seulement son mari voit un gorille même mort, elle donne le jour à un petit gorille. Cette superstition est générale chez eux et aucun autre animal n'en a fait naître de pareille. Ce n'en est pas moins la preuve que la croyance aux *regards* existe là comme ici. On y croit aussi que telle femme est accouchée d'un veau, telle autre d'un crocodile, etc., ce qui achève de les mettre de pair avec les Européens, où les naissances monstrueuses ont de tout temps donné lieu à des diagnostics analogues. Cette croyance n'expliquerait-elle pas celle-ci non moins répandue en Afrique et ailleurs : que certaines familles descendent de certains animaux? En d'autres termes, la descendance n'aurait-elle pas été induite des naissances en question, considérées comme réapparitions ancestrales, c'est-à-dire comme cas d'atavisme ? Ce qui paraît rendre la supposition vraisemblable c'est qu'alors ces ignorants auraient raisonné comme nos savants ; or, l'homme est partout le même.

L'espace et le temps se correspondent, la géographie double la chronologie, parcourir le globe, c'est feuilleter l'histoire ; pour revoir tous nos états antérieurs de civilisation, monarchie absolue, despotisme ecclésiastique, féodalité, servage, barbarie : transporter son observatoire par tels ou tels degrés de latitude et de longitude. Le sauvage est l'homme préhistorique. Conséquemment, dès que la croyance aux influences maternelles existe chez les Eskimaux, il est évident qu'elle remonte à la plus haute antiquité et par là même son universalité est démontrée.

§ II

Les brebis de Jacob.

La Genèse nous montre que, quatre mille ans avant notre ère, elle existait dans la race d'Abraham. Tout le monde connaît l'histoire de la convention entre Laban et Jacob, deux Juifs aussi Arabes l'un que l'autre, pour le partage des bêtes de leurs troupeaux. Jacob devait avoir « toutes les brebis picotées et tachetées et tous les

agneaux roux et les chèvres tachetées et picotées. »
Il prit des baguettes vertes de peuplier, de
coudrier et de châtaignier, les dépouilla partiel-
lement de leur écorce et, ainsi arrangées, les
mit dans les auges où les brebis venaient boire.
Les femelles en rut impressionnées par la vue de
ces baguettes donnaient des bêtes marquetées,
piquetées et tachetées. « Ainsi cet homme eut de
grands troupeaux. »

Bien que nous ne visions que l'antiquité de la
croyance, nous ne pouvons nous dispenser de
dire que la zootechnie contemporaine a des observations conformes dans leur principe au procédé de Jacob.

I. Un superbe troupeau Durham à pelage rouan
habitait des étables blanchies au lait de chaux
et donnait des veaux dont la plupart étaient
blancs et les autres d'un rouan léger. La couleur
des étables ayant été changée, le veau blanc
devint d'exception en même temps que le pelage
rouan acquit plus de vigueur. Ce troupeau
appartenait à lady Paget.

II. M. Langston avait dans sa belle ferme de
Sarsden un magnifique et célèbre troupeau de
même sang que le précédent. On amena à un de
ses taureaux une génisse, pure durham elle-
même. Comme cette génisse habituée à la société
refusait de se laisser conduire, on lui avait donné
pour compagne de route une vache de la race

d'Alderney avec laquelle elle se plaisait. La voyant ainsi accompagnée, le régisseur de Sarsden, M. Sandge, déclara qu'on avait eu grand tort de lui donner une telle escorte et que certainement le produit aurait le pelage d'Alderny, ce qui arriva.

III. Une jument envoyée à l'étalon Middleton donna un poulain ressemblant d'une manière frappante au cheval monté par le groom qui l'avait conduite à cet étalon, etc. [1].

Mentionnons pour mémoire qu'une société savante citée, non nommée, par le Dr. Wilkowsky [2] aurait conseillé, de teindre la toison des béliers de la couleur, blanche ou noire, qu'on désire dans le produit.

Revenons au fait biblique. Qu'on ait cru, dès lors, chez ces pasteurs, bien placés pour de pareilles observations, que les impressions de la mère, au moment de la conception, ont une influence, ce fait l'atteste. Il ne s'agit que d'impression sensorielle, parce qu'il n'est question que de bêtes ; mais nous verrons par l'histoire de la génération de divers personnages de l'ancien et du nouveau Testament, combien était enracinée, chez les descendants de Jacob, la croyance que dans l'espèce humaine l'état d'esprit du père et

---

[1] Ces faits sont tirés du mémoire de M. de la Tréhonnais, déjà mentionné.

[2] Dans son ouvrage : *Le corps humain.*

de la mère, au moment dont il s'agit exerce une action sur l'être nouveau. On le voit particuliè-rement dans Tobie, où cette influence se montre isolée de toute autre.

§ III

La nuit de noces de Tobie.

L'histoire de Tobie se passe pendant l'exil d'Assyrie, sous le roi Salmanassar, sept siècles environ avant notre ère; il y a par conséquent plus de vingt-cinq siècles. Envoyé par son père en Médie pour y recouvrer une créance, Tobie arrive à Ecbatane en compagnie d'un homme qui s'est donné à lui pour un de ses parents et n'est rien de moins que l'ange Raphaël, « l'un des sept anges saints qui présentent les prières des saints, et qui marchent devant la majesté du Saint ». Non seulement Raphaël aplanit, comme on doit le penser, toutes les difficultés de la route, mais arrivé à destination, il marie son protégé à une jeune vierge; et voici comment, d'après les instructions de l'ange, se passe la première nuit de noces :

« Après qu'ils furent enfermés eux deux, Tobie

se leva du lit et dit : — Lève-toi, ma sœur, et prions, afin que le Seigneur aie pitié de nous. — Ainsi Tobie commença à dire : — O Dieu de nos pères ! tu es béni, et béni est à jamais ton nom saint et glorieux. Que les cieux et toutes les créatures te bénissent ! — Tu créas Adam, et tu lui donnas Ève, sa femme, pour aide et appui. D'eux est venue la race des hommes. Tu as dit : Il n'est pas bon que l'homme soit seul ; faisons-lui un aide semblable à lui. — Maintenant, Seigneur, je ne prends point cette sœur pour paillardise, mais en droiture ; veuille donc me faire miséricorde, et que je vieillisse avec elle. — Et elle disait avec lui : Amen ! Sur cela, ils dormirent tous deux cette nuit-là. »

Des médecins tels qu'Esquirol, des physiologistes tels que Burdach, des zootechnistes tels que Girou de Buzareingues, M. Prosper Lucas qui les résume, attribuent une importance particulière aux dispositions mentales existantes à l'instant suprême que nous considérons. Ils ont d'autant plus de chances d'être dans le vrai que, se fondant sur des observations personnelles, ils se rencontrent avec l'opinion traditionnelle exprimée d'une si amusante façon dans l'histoire de Tristram Shandy.

La cause à laquelle Sterne attribue les distractions de son héros, savoir celles qu'éprouvèrent ses parents au moment où ils eussent dû être tout à leur affaire, l'épouse ayant fait alors à son conjoint l'observation célèbre : « Je crois, mon ami, que vous avez oublié de remonter la pendule », prouve que l'humoristique auteur était dans les idées de M. de Frarière, antérieurement à la naissance de celui-ci. Elle prouve aussi que Sterne attribuait aux dispositions d'esprit concomittantes de l'acte procréateur une influence déterminante, sur laquelle les méditations de M. de Frarière ne se sont pas portées.

§ IV

Chez les Grecs et les Romains.

Les Grecs ornaient les appartements de leurs femmes de statues gracieuses, modèles offerts dans leur pensée à celles qui devaient les rendre pères.

Un jour Galien fut consulté par un pratricien possesseur d'esclaves noirs et blancs, auquel un fils venait de naître dans des circonstances propres à diminuer la joie de l'événement. Qu'on en juge.

Bien que ce possesseur de noirs fût de pure race caucasique, ainsi que son épouse, l'enfant était mulâtre !

Galien ayant été voir la mère résolut la difficulté à la satisfaction générale, en attribuant la coloration du nouveau-né à l'impression qu'une peinture représentant un nègre avait dû faire sur l'imagination de la mère pendant la grossesse.

Et, ce qu'il y a de plus drôle dans l'histoire, c'est que, sinon dans le cas particulier, au moins en principe, l'explication conciliante de Galien pouvait être vraie.

Un fait tout pareil est attribué à Hippocrate.

Denys (de Syracuse), pour que sa femme lui donnât un fils aussi beau que le chef des Argonautes, fit placer près de la couche nuptiale un portrait de Jason.

Imbu des mêmes croyances, un affreux bossu qui ne voulait pas que sa postérité lui ressemblât, mit près du lit de son épouse le portrait d'un bel enfant dont la dame réédita l'original; c'est Galien qui le raconte.

§ V

La génération de Samson.

Nous sommes au temps des juges. Les Juifs étaient sous l'oppression des Philistins. A Tsorah vivait un homme du nom de Manoah, dont la femme était stérile, ce qui désespérait les deux époux.

Or, un ange de Dieu apparut à la femme et lui annonça qu'elle deviendrait mère d'un fils qui délivrerait Israël et lui prescrivit ce qu'elle avait à faire pour concevoir et porter dans ses entrailles et donner à la nation ce libérateur :

« Prends donc bien garde dès maintenant de ne point boire de vin ni de cervoise, et de ne manger aucune chose souillée; car voici, tu vas être enceinte et tu enfanteras un fils, et le rasoir ne passera pas sur sa tête, parce que l'enfant sera Nazarien de Dieu dès le ventre de sa mère; et ce sera lui qui commencera à délivrer Israël de la main des Philistins. »

A cette époque où il s'en fallait de douze cents ans que Nazareth n'eût donné le jour à Jésus, les Juifs appelaient Nazaréens ceux qui faisaient vœu de pureté, c'est-à-dire de garder la chasteté, de s'abstenir de boissons fermentées, de ne manger aucune chose souillée, etc. ; les Nazaréens (ou Nazariens) de Dieu ne coupaient point leurs cheveux. Ainsi s'expliquent les paroles de l'ange à l'épouse de Manoah.

Celui-ci, informé de l'apparition, supplia l'Éternel de la renouveler : « Hélas! Seigneur, que l'homme que tu as envoyé vienne encore, je te prie, vers nous, et qu'il nous enseigne ce que nous devons faire à l'enfant quand il sera né. »

En effet, comme la femme était seule, assise dans un champ, l'ange se présenta de nouveau. Elle courut aussitôt chercher son mari, qui, ayant posé sa question au messager divin : « Quelle conduite faudra-t-il tenir envers l'enfant, et que lui faudra-t-il faire ? » en reçut la réponse qui sera rapportée plus loin. Ensuite, les deux époux ayant fait un holocauste sur le rocher, virent, en même temps que la flamme s'élevait de l'autel, l'ange monter aussi, ce qui les fit tomber la face contre terre.

Ils ne revirent plus l'envoyé, mais : « La femme enfanta un fils et l'appela Samson. » C'est l'hercule circoncis, douzième juge d'Israël, qui fut par lui délivré des Philistins.

Cette histoire est pour nous fort simple; pour nous, c'est-à-dire pour les hommes d'aujourd'hui qui la lisent à la lumière de la physiologie. L'apparition de l'ange ne fut qu'une hallucination d'abord simple, puis collective; cela ne présente pas de difficulté, les exemples authentiques en étant très nombreux.

L'hallucination n'est pas ce que beaucoup de personnes croient par tradition. L'antiquité entière a vu dans les hallucinations des apparitions véritables. L'Orient en est encore là. Quand chez nous on se détacha de cette croyance, ce fut pour attribuer à la folie ce qui était enlevé au surnaturel. C'est à ce point que la plupart des gens en sont restés. Mais la science l'a depuis longtemps dépassé. Il n'est pas plus vrai que toute hallucination appartienne à la folie, qu'il ne l'est que toute apparition vienne de l'autre monde.

L'hallucination est compatible avec la raison la plus droite et la plus ferme, avec l'intégrité de la raison la plus haute, alors même que ceux chez qui elle se présente, imbus de croyances populaires, se trompent sur sa nature et la prennent pour un commerce surnaturel. Preuve : ceux qui, ayant des hallucinations, se rendent compte que ce ne sont qu'apparences et sur qui elles ont si peu de prise qu'ils en font des sujets d'observation scientifique comme le libraire Nicolaï. Preuve : ceux qui ont la faculté de s'en donner à volonté comme Talma, qui peuplait de squelettes la salle devant laquelle il jouait, comme ce peintre observé par Wigan, qui faisait poser devant lui des modèles absents. Preuve enfin : Socrate et Jeanne d'Arc, — l'histoire n'a pas de noms plus augustes.

Ce sont là des choses parfaitement établies. Personne n'a plus concouru à leur établissement que le Dr Brière de Boismont, qui, néanmoins partagé entre sa foi chrétienne et sa science médicale, réclamait pour les apparitions que la Bible mentionne, pour elles seules et pour elles toutes, l'exemption du joug sous lequel il courbait résolument les autres : privilège évidemment injustifiable. Quand on est persuadé que Jeanne d'Arc, qui conversait avec l'archange saint Michel, avec sainte Catherine et sainte Marguerite et embrassait ces dernières, n'eut que des hallucinations, — et il en était persuadé, — en vertu de quelle logique peut-on prétendre que l'épouse de Manoah ait eu rien autre chose?

En disant de cette histoire qu'elle est fort simple, nous n'entendons donc pas la diminuer. Personne, en effet, ne pensera que le rapprochement établi entre la mère de Samson, héros juif, et l'ange du patriotisme français, Jeanne d'Arc, ravale la première. Outre que l'histoire est très simple, elle est très belle.

Ce n'est pas assez de dire de l'hallucination qu'elle est compatible avec la raison. Il faut admirer l'étonnante propriété d'où elle procède. Qu'est-ce que l'hallucination? Un merveilleux phénomène de mirage offrant aux yeux le reflet figuré et coloré de ce qui n'a ni figure, ni couleur au sens optique : des conceptions de l'esprit qui ne sont que mouvements de l'âme. C'est donc le mirage de l'invisible. C'est l'idée projetée hors du foyer de production dans le monde des corps. C'est cette idée, y prenant forme étendue, non point dans la matière pondérable, mais dans l'éther, substratum des dynamides ou forces. C'est cette idée renvoyée à son auteur avec les mêmes apparences de réalité et de vie qui appartiennent à l'image réfléchie par un miroir véritable. C'est presque une création.

Michelet, qui descendait au fond des choses comme il planait au-dessus d'elles, dit excellemment et magnifiquement de Jeanne d'Arc : « La jeune fille, à son insu, créait, pour ainsi parler, et *réalisait* ses propres idées, elle en faisait des êtres, elle leur communiquait, du trésor de sa vie virginale, une splendide et toute-puissante existence, à faire pâlir les réalités de ce monde. Si *poésie* veut dire *création*, c'est là sans doute la poésie suprême. Il faut savoir par quels degrés elle en vint jusque-là... »

Comme elle y vint, la mère de Samson y était arrivée. Les deux faits sont exactement de même nature.

Animée, comme Jeanne le sera, du plus ardent patriotisme, tourmentée en outre d'un besoin violent de maternité, l'esprit constamment tendu sur ces deux idées, elle arrive à les fondre ensemble dans une même aspiration. Elle fait le rêve enivrant, conçoit l'ambition sublime de donner un libérateur à Israël. Comme Jeanne le sera, elle est profondément pénétrée des croyances religieuses de son temps. Or, l'épouse de Manoah est d'un peuple qui est le peuple de Dieu, dont Dieu s'est réservé le gouvernement direct, chez qui rien n'arrive que par la volonté de Dieu. Quand sa pensée, fixée, concentrée, accumulée sur un seul point, incubée sous les ailes de flamme de son désir et de sa foi sera arrivée à ce degré de tension où l'idée naît au monde extérieur en apparitions figurées qui vont et viennent, agissent, parlent comme des réalités vivantes, c'est nécessairement la forme de messager de l'Éternel que, dans une hallucination admirable, — puisque le même mot désigne le rêve extériorisé d'un grand cœur et la vision délirante d'un alcoolique, — la pensée de cette femme revêtira. Tout cela est inévitable. L'homme est ainsi fait, le monde est ainsi organisé, que dans des circonstances données, tout cela doit ou peut arriver. Et il arrive aussi que ce rêve, acquérant en fait la puissance qui lui est prêtée par la foi, a tous les effets de la réalité qu'il simule : ce qu'on voit par l'histoire de Jeanne d'Arc. L'archange Michel en chair et en os n'eût rien fait de plus que la vision que s'en est donnée Jeanne. Dans ces corrélations et ces harmonies, dans leurs loi et ordonnance, les petits esprits qui croyaient à une Providence sont donc encore en droit, il faut le reconnaître, de lui trouver un refuge.

Arrivant maintenant à notre but, nous dirons que l'histoire de la naissance de Samson est singulièrement instructive. Qu'y voyons-nous, en effet, étant éliminées les apparences de surnaturel et les choses étant réduites à la simple expression humaine?

Nous y voyons une femme passionnément et exclusivement désireuse d'avoir un fils, un fils remarquable, un grand homme, l'homme qui délivrera Israël ; disons mieux, car il y a chez les deux époux une entière harmonie de désirs et d'espérance : nous voyons ce couple engendrer l'enfant désiré.

Qu'y voyons-nous encore ? Nous voyons à quelle condition ce beau rêve familial et patriotique s'est réalisé. L'épouse avait fait un vœu qu'elle a tenu, que le *Livre des Juges* exprime en forme de conseils célestes : « Prends donc garde dès maintenant (c'est-à-dire dès avant la conception), de ne point boire de vin ni de cervoise (bière), et de ne manger aucune chose souillée ; car voici, tu vas être enceinte... » Ainsi, toute sa vie s'enchaîne à l'idée de ce cher et glorieux rejeton. Non seulement sa pensée, fixée sur cette idée, la couve sans relâche, mais son esprit ne se nourrit que d'aliments propres à former l'âme d'un Nazaréen de Dieu ; elle se fait elle-même Nazaréenne pour se rendre capable de le produire, renonçant à toute boisson fermentée et ne mangeant rien d'impur (selon les préjugés hébraïques). Enfin elle met son régime matériel en accord avec son régime moral.

Qu'y voyons-nous de plus ? Nous voyons qu'à cette question de Manoah : « Quelle conduite faudra-t-il tenir envers l'enfant ? » l'ange répond :

« La femme... prendra garde à tout ce que je lui ai commandé. » Or, toutes ses instructions se rapportaient à ce qu'elle devait faire avant la conception et pendant sa grossesse : « Maintenant donc ne bois pas de vin, etc... ; car cet enfant sera Nazaréen de Dieu dès le ventre de sa mère jusqu'au jour de sa mort. » N'est-ce pas une affirmation bien remarquable du principe de l'éducation antérieure? L'éducation proprement dite ne sera que la suite et la continuation de celle-là.

Car, la disposition des parents au moment de la conception, l'influence de la mère au cours de la grossesse, l'éducation de l'enfant, ces trois éléments, dont chacun a été regardé comme décidant à lui seul de tout, sont également considérés dans cette histoire si remarquablement complète à cet égard.

C'est un type autour duquel on pourrait grouper nombre d'exemples du même genre auxquels M. de Frarière ne paraît pas avoir songé. Il est à croire que sa foi, liée aux textes, lui eût interdit de s'en prévaloir.

Après les détails dans lesquels on vient d'entrer, quelques mots sur une couple de ces exemples suffiront pour faire voir si le même système d'explication leur est applicable.

VI

La génération de saint Jean-Baptiste.

Au temps d'Hérode, roi de Judée, vivait un sacrificateur nommé Zacharie. Sa femme s'appelait Elisabeth. C'étaient des gens de grande piété. Ils avaient le chagrin et l'humiliation d'être arrivés à « un âge avancé » sans avoir jamais eu d'en-d'enfants. C'était le malheur de leur vie, auquel cependant ils avaient toujours espéré que Dieu daignerait mettre un terme, car, dans l'ignorance du système de la nature, c'était Dieu alors qui de sa main remédiait aux vices de conformation. Ils le priaient avec ardeur de retirer d'eux cette douleur et cet opprobre. Ils rêvaient un fils qui les comblerait non seulement de joie, mais d'orgueil, car ce serait un grand et saint personnage. Bref, l'histoire même des parents de Samson, et, si notre interprétation de celle-ci est admise, si l'ange de l'Eternel ne fut que leur pensée objectivée, les promesses de l'ange du Seigneur à Zacharie ne sont, de toute évidence, que la vision des désirs et des espérances du sacrificateur.

Un jour donc qu'il offrait des parfums dans le

temple, un ange lui apparut debout à côté de l'autel, qui lui dit : « Ta prière est exaucée et Elisabeth... t'enfantera un fils, et tu lui donneras le nom de Jean. Il sera pour toi nn sujet de joie et de ravissement, et plusieurs se réjouiront de sa naissance. Car il sera grand devant le Seigneur ; il ne boira ni vin ni cervoise, et il sera rempli du Saint-Esprit dès le ventre de sa mère... »

« Quelque temps après, Elisabeth conçut. »

Ainsi, dans l'histoire de la naissance de saint Jean-Baptiste on trouve nettement accusées comme dans celle de la naissance de Samson : 1° l'influence de l'état mental des parents au moment de la conception : le vœu, l'espoir de Zacharie et d'Elisabeth sont de procréer dans le fils dont la venue remplirait d'une joie ineffable leurs vieux cœurs tout neufs pour l'amour, un homme grand devant le Seigneur ; 2° l'influence des pensées de la mère pendant la grossesse : « il (l'enfant) sera rempli du Saint-Esprit dès le ventre de sa mère » ; et la suite nous montre ; 3° l'influence de l'éducation pour parfaire un homme.

Celle de Jean est conforme aux antécédents qu'on vient de voir. « Que sera-ce de ce petit enfant ? » se demandaient avec admiration les voisins du sacrificateur. Celui-ci « prophétisant », apostrophe ainsi son jeune fils : « Et toi, petit enfant, tu seras appelé prophète du souverain ;

car tu marcheras devant la face du Seigneur, pour lui préparer la voie. » Enfin Luc termine ainsi sur ce point : « Et le petit enfant croissait et se fortifiait en esprit ; il demeura dans les déserts jusqu'au jour qu'il devait être manifesté à Israël. »

§ VII

La génération de Jésus, de Nazareth.

Six mois après la conception de saint Jean-Baptiste, une jeune femme, parente d'Elisabeth et mariée à un descendant de David, dans la maison duquel il était écrit que naîtrait « un puissant sauveur », devenait également enceinte. Le peuple était dans l'attente de sa venue. Par ses anxiétés la situation du peuple juif, sujet de Rome, est comparable à celle où le peuple de France doit se trouver à la naissance de Jeanne. Ce qu'après quatorze siècles la vierge de Vaucouleurs rêvera de faire personnellement pour sa patrie, l'épouse de Joseph rêve de le faire pour la sienne, par un fils « qu'elle concevra et enfantera, à qui elle donnera le nom de Jésus. Il sera grand, et sera appelé fils du Très-Haut, et le Seigneur Dieu lui donnera le trône de David, son père. Il régnera éternellement sur la maison de Jacob, et il n'y aura point de fin à son règne. » Car telles sont les promesses de l'ange Gabriel dans l'apparition duquel s'extériorise l'état de l'âme de Marie. Si on tenait à tout expliquer, et telle n'est pas notre prétention, on pourrait dire que le mythe de la virginité gardée par cette mère, n'exprime que l'absorption extatique de tout son être, aux moments les plus essentiels de sa vie d'épouse, dans la pensée du sauveur qui devait naître d'elle. Mais ces subtilités ne sont pas de notre sujet.

Nous nous renfermons dans ceci : que les hallucinations du genre des précédentes, lesquelles ne sortent de l'état normal que par leur sublimité, n'étant que des pensées intérieures, traduites en apparences de choses; par les promesses de l'ange à Marie, nous connaissons les aspirations de celle-ci, et savons par conséquent dans quelles dispositions d'esprit le premier des sans-culottes, — premier en date, en illustration et en puissance, à qui il n'y a qu'à couper sa queue de prêtres pour que la Révolution l'avoue, — fut conçu.

Les mêmes pensées ne cessèrent d'agiter le sein qui le porta. Elles présidèrent ensuite à son éducation.

C'est donc une justification nouvelle, la plus éclatante possible, de notre thèse sur le concours des trois influences par le moyen desquelles on

produirait à coup sûr des êtres humains moralement supérieurs.

Puisse-t-elle faire apporter des soins plus réflé-
chis à une œuvre trop souvent traitée par-dessous
jambes et qui est celle où, pour l'honneur et le
bonheur du genre humain, il faudrait mettre le
plus de conscience.

§ VIII

Chez les modernes.

Montaigne : « Tant y a que nous voyons par
expérience, les femmes envoyer aux corps des
enfants, qu'elles portent au ventre, des marques
de leurs fantaisies ; tesmoin, celle qui engendra le
More. Et il fut présenté à Charles Roy de Bohême
et empereur, une fille d'auprès de Pise, toute
velue et hérissée, que sa mère disait avoir été
ainsi conceuë, à cause d'une image de saint Jean-
Baptiste pendüe en son lict[1]. »

Le cardinal Duperron (xvɪᵉ siècle) spirituel, instruit, éloquent, doué d'une mémoire prodigieuse,
proverbiale; lecteur passionné de Montaigne et de

[1] *Essais*, livre I, chapitre xx. *Imaginations de femmes
grosses.*

Rabelais, une des autorités littéraires de son temps : sa mère étant enceinte de lui, avait eu envie d'une bibliothèque, une envie de femme grosse.

Un fils de Mme de Montespan « conçu — c'est Saint-Simon qui parle — dans une crise de larmes et de remords, provoquée par les cérémonies religieuses du jubilé, garda toute sa vie un caractère de tristesse qui le fit nommer l'*enfant du jubilé* ».

Van Swieten, médecin célèbre du XVIIe siècle, reçut un jour la visite d'une jeune fille dont le cou portait l'empreinte d'une chenille si bien faite, qu'il s'apprêtait à l'enlever ; ce signe, au dire de la jeune fille, provenait de la peur que sa mère avait éprouvée en sentant une chenille sur son cou. « J'examinai ce stigmate, raconte-t-il, et je reconnus, à ne pouvoir m'y méprendre, les poils droits et les couleurs de l'insecte, et je puis dire que la ressemblance d'un œuf à un œuf n'est pas plus parfaite. Il y a des gens qui riront de ma crédulité ; mais je voudrais bien qu'il me disent s'ils se croient en état de rendre raison de tant d'autres phénomènes que nous savons avoir lieu dans l'œuvre de la génération. »

Le duc d'Elbeuf était violent au delà de tout ce qui peut se dire. La duchesse étant grosse, il s'emporta un jour jusqu'à vouloir la jeter par la fenêtre. La frayeur que la pauvre femme en éprouva, eut les plus tristes conséquences pour l'enfant qu'elle portait. **C'était un garçon** qui fut, dès sa naissance, affecté d'un tremblement par tout le corps. Il grandit et vécut âge d'homme, mais dans la retraite, au Mans, si je ne me trompe, ayant un grade nominal dans l'ordre de Malte. On l'avait surnommé le *trembleur*.

Je cite le fait d'après Marchal, de Calvi qui le rencontra, dit-il, dans un recueil de mémoires du siècle dernier ou de la fin du xviie siècle.

Les réflexions de Marchal à ce sujet, méritent d'être rapportées, nous les reproduisons en substance :

« La frayeur est un phénomène cérébral. Voilà ce qu'il faut établir d'abord et ce qui ne souffre pas de contradiction. Maintenant, comment un acte qui se produit dans le cerveau de la mère grosse, peut-il se communiquer au cerveau de l'enfant qu'elle porte ? Bien d'autres faits attribués à l'imagination de la mère par les personnes étrangères à la science, attestent cette solidarité névropathique. Les savants n'aiment pas à s'arrêter à ces observations, pour deux raisons : d'abord parce qu'elles sont souvent entachées d'erreur, ensuite parce qu'ils ne peuvent pas les expliquer. Les cas de ce genre excitaient particulièrement le mépris de Magendie, qui prenait en haine et repoussait, comme uniquement propres à obscurcir les questions, les faits pathologiques, c'est-à-dire des expériences toutes faites et les plus probantes, quand ils ne concordaient pas avec ses expériences d'amphithéâtre. »

Cette philosophie d'expérimentateur n'empêche pas qu'il y ait une masse de faits analogues, faits qui défient l'analyse expérimentale et s'imposent à la raison.

M. le D* Bouchut rapporte dans son *hygiène de la première enfance*, qu'en l'an III de la République, une patriote ardente accoucha à Valenciennes, d'un enfant qui portait au sein gauche la représentation d'un bonnet de liberté, ce qui, par parenthèse, valut à la mère une pension de 400 francs. Isidore-Geoffroy Saint-Hilaire, parlant de ce fait au tome I*er* de son *Traité de Tératologie*, n'y trouve de remarquable que la pension faite à la mère. Il est certain qu'une ressemblance même parfaite d'une pareille tache avec l'objet paraissant avoir servi de modèle, ne prouverait absolument rien ; mais l'opinion préconçue, suivant laquelle toute ressemblance de ce genre est nécessairement fortuite ne prouve pas davantage.

§ IX

Chez les contemporains.

Dans son beau et mémorable *Mémoire sur le somnambulisme et le magnétisme animal*, rédigé en 1820, mais publié seulement (sans aucun changement) en 1854[1]. M. le général Noizet mentionne que l'illustre Ampère lui rapporta deux cas « fort curieux » de « marques physiques transmises aux fœtus par les mères, d'après une simple impression qui n'avait affecté qu'un de leur sens » ; mais il ne les cite pas, pour la raison quelque peu paradoxale que, si les lecteurs croient à ce genre d'influence, il est inutile de leur en donner de nouveaux exemples et que, s'ils n'y croient pas, ils récuseront le témoignage d'Ampère, tout comme celui de M. Noizet lui-même. Il est bien regrettable que M. Noizet s'en soit tenu à ce parti. La haute autorité d'Ampère donnerait aujourd'hui une bien grande valeur à ses observations. Celle que nous enregistrons plus loin comme lui étant due et qui se rapporte au même sujet, n'est pas faite, comme on le verra pour diminuer nos regrets.

« Donnant des soins pour de simples indispositions à un monsieur âgé, je remarquais à chaque visite chez ce vieillard bien conservé, de bonne santé habituelle, et qui a toujours été sobre et d'habitudes régulières, un léger tremblement des mains et de la tête. Dernièrement, lui ayant demandé depuis combien de temps il avait ce tremblement, il me dit : « Je suis né trembleur,

---

[1] Paris, Plon, in-8° de 428 pages, page 41.

d'une mère qui commença à trembler vers le milieu de sa grossesse, époque à laquelle elle fut terrifiée par une scène de la Révolution.» (Dr Liegey.)

C'est à propos de cette observation que Marchal (de Calvi) a cité le fils du duc d'Elbeuf, sans dire si dans ce dernier cas, comme dans le précédent, la mère continua de trembler.

M. le Dr Liébeault, de Nancy, rapporte dans son beau livre déjà cité, que le fils d'une dame de sa connaissance, a la racine du nez marquée d'une lentille brune et que la mère « attribue cette tache à une émotion éprouvée au commencement de sa grossesse à l'aspect d'un homme qu'elle n'avait pas vu depuis plus de quinze ans et qu'elle reconnut soudain à un signe tout à fait semblable et siégeant à la même place ».

« Je connais, raconte-t-il encore, un vigneron dont la tête ressemble à s'y méprendre, à celle du patron de son village, telle qu'elle est représentée dans l'église. Tout le temps de sa grossesse, la mère avait eu dans l'idée que son enfant aurait une tête pareille à celle de ce saint. »

M. le Dr Gustave Le Bon citant ce dernier fait, ajoute : « J'ai moi-même observé un fait presque identique[1]. »

---

[1] *La Vie ; physiologie humaine appliquée à l'hygiène et à la médecine*, 1882.

Une dame enceinte de trois mois, se trouve inopinément en présence d'un matelot amputé du bras pendant le siège de Paris, et qui, pour mieux exciter la commisération publique, montrait son moignon à nu. Elle en éprouva une forte émotion, et six mois après, au terme normal, accoucha d'une fille vigoureuse dont l'avant-bras gauche était très nettement amputé vers la moitié de sa longueur. Nous disons *amputé* et non pas atteint d'arrêt de développement.

La force et l'aspect étaient exactement en effet ceux d'un moignon d'amputé, sauf en deux points : d'abord l'inégale longueur des os, le radius étant d'un centimètre plus long que le cubitus, et ensuite quelques dépressions et interruptions présentées par la cicatrice. Ce n'en est pas moins un exemple très net d'amputation spontanée ou intra-utérine. Les muscles de ce moignon, bien développés et même plus prononcés que leurs congénères, lui permettent d'exécuter les mouvements les plus variés.

Le fait s'est produit à Nîmes, et c'est M. Albert Puech qui l'a fait connaître. La science a enregistré une trentaine de ces mutilations. Prises d'abord pour le résultat d'arrêts de développements, elles ont reçu de Chaussier, il y a une soixantaine d'années, leur vraie signification aujourd'hui incontestée.

Une femme accouchée le 10 juin 1879, par

M. le Dr Trépant (de Nesle) avait, au deuxième mois de sa grossesse, assisté avec épouvante à un accident dont fut victime un jeune homme qui subit l'amputation de l'avant-bras gauche. L'avant-bras gauche manquait à l'enfant qu'elle mit au monde.

Nous trouvons dans le *Journal de micrographie* mensuellement publié depuis dix ans par le savant Dr J. Pelletan, un article traduit de *The médical World* (Journal américain) et dû au Dr Ephraïm Cutter, de New-York, lequel admet que « des impressions douloureuses ou désagréables, pendant le quatrième mois de la grossesse, ont été suivies de naissances monstrueuses » ; il serait en effet difficile d'en disconvenir. Cela dit, voici ce qu'il ajoute : « L'auteur a délivré une femme dont l'enfant avait les pieds difformes. A l'un des pieds les orteils étaient divisés et inégaux ; l'autre pied se terminait comme un sabot de solipède. Or, vers le troisième mois de la grossesse, la mère avait vu un chien mutiler le pied de l'aîné de ses enfants. »

La communication suivante nous est faite par une distinguée collaboratrice du *Rappel* dont le nom est une garantie d'exactitude à rendre superflus les témoignages qui au besoin corroboreraient le sien.

« Il y a... fort longtemps, au mois de juillet, une jeune femme enceinte de six mois était debout dans une chambre du rez-de-chaussée, taillant sur une table de petits objets pour layettes, le dos tourné à une porte-fenêtre grande ouverte et donnant sur un jardin. Tout à coup elle est surprise par une sorte de déclamation qu'elle entend à côté d'elle ; elle se retourne, elle voit une femme la tête encapuchonnée d'un grand voile de jaconas blanc, un gros bouquin sous le bras, qui débite des vers. Saisie d'une terreur affreuse, elle s'évanouit. Quand elle revient à elle, elle est couchée sur le canapé où l'a placée la femme qui s'occupe à lui jeter quelques gouttes d'eau à la figure d'un air plein de sollicitude : c'est égal, sa terreur la reprend, elle crie et reperd connaissance.

« Alors la folle (c'était une folle) a le bon sens de s'en aller par la maison chercher la mère de la jeune femme et lui dit : « Venez vite, madame, je vous demande pardon ; je sens que je vais être cause d'un grand malheur. » Il n'y eut aucun malheur immédiatement ; la naissance de l'enfant n'en fut pas avancée d'un jour.

« La femme au voile était une villageoise non dangereuse, qui errait constamment par monts et par vaux, exaltée par les discussions religieuses fréquentes en pays *mixte*, comme on dit, et qui allait récitant des vers et expliquant la Bible à sa manière. L'enfant, une petite fille, vint au monde avec une telle passion pour les bouquins, qu'elle

en traînait partout avec elle de préférence à tout
autre jouet, les chiffonnant, les déchirant parfois,
mais ne pouvant vivre ni jour ni nuit sans en
avoir à la main ; à trois ans et demi, sans qu'on
pût trop comprendre comment cela s'était fait,
elle savait très bien lire ; à quatre ans, elle avait
appris par cœur à peu près toute la *Jeanne d'Arc*
de Soumet. On eut la légèreté coupable d'exciter
encore ce petit prodige, de lui faire réciter souvent des quinze, vingt, trente pages de son
livre.

« A quatre ans et demi, la petite exténuée,
épuisée, tombait malade de consomption ; la
fièvre hectique ne l'a pas quittée durant plusieurs
années. Enfin, un brave médecin de campagne
l'a guérie sans remèdes en la faisant mettre au
vert comme un jeune poulain, sans travail, sans
études d'aucune sorte, jusqu'à ce qu'elle fût
grande ; couchée dans l'herbe au soleil au commencement, courant au grand air en hiver, et en
été ensuite.

« Maintenant ce temps est bien loin ; mais il
lui reste encore de l'aventure : 1° une mémoire
peu commune ; 2° une passion extraordinaire
pour les bouquins ; 3° *un besoin de vagabondage*
tel que, quoique d'une famille robuste et devenue
elle-même très robuste, elle reprend immanqua-
blement sa fièvre hectique si elle reste une
semaine sans passer un jour entier à flâner

comme la femme au voile, allant devant elle de sept heures du matin jusqu'à la nuit. Et enfin, et c'est le moins drôle, des évanouissements profonds sans cause connue et que jamais aucun médecin n'a pu expliquer d'une façon sensée. C'est ceci, c'est cela, disent-ils ; ils n'y sont pas. C'est la suite de l'évanouissement de sa mère trois mois avant sa naissance [1]. »

Un jeune homme de la connaissance intime d'Ampère — c'est l'histoire promise plus haut, que Noizet tenait du grand physicien — se vit refuser la main de celle qu'il aimait. C'était un grand priseur, et la dame ayant en légitime aversion la poudre de Nicot avait déclaré qu'elle n'épouserait jamais un esclave du tabac. L'esclave puisa dans son amour la force de recouvrer la liberté. Sa femme devint enceinte. Jusque-là il avait tenu sa résolution, mais non sans de cruelles souffrances. A bout de forces il retourna à son ancienne habitude. Une fille lui naquit. Laissons maintenant parler le général :

« Cette enfant qui maintenant a douze ans et que j'ai eu plusieurs fois l'occasion de voir a res-

---

[1] « Il en ressort (du fait précédent) une morale qui saute aux yeux sans qu'on ait besoin de la faire voir par des discours — disait l'auteur dans sa lettre d'envoi. — Il faut éviter autant que possible les émotions aux jeunes femmes qui sont dans une position intéressante, et ne pas faire ni laisser travailler les petits enfants car ça leur coûte cher, trop cher, plus tard.

senti le vif désir de prendre du tabac aussitôt qu'elle a pu manifester un goût. Ce désir était si violent chez elle dès l'âge de trois ou quatre ans qu'elle se jetait sur toutes les tabatières qu'elle voyait et qu'on était obligé de les lui arracher des mains. Elle cherchait partout la poudre narcotique, et l'on avait peine à la cacher tellement qu'elle ne pût en trouver dans la maison. Maintenant encore ce goût subsiste, mais il ne se manifeste plus d'une manière aussi frappante [1]. »

Comment de cette observation ne pas rapprocher la suivante due à M. le Dr Ransome Dexter, médecin américain :

N. J.., quarante ans, est le huitième enfant d'une famille où la sobriété est en honneur, et dans les ascendants de laquelle on ne connaît pas d'alcooliques. Seulement, sa mère, pendant toutes les grossesses qui ont précédé celle dont il est issu, avait eu l'habitude de prendre une certaine quantité de liqueurs alcooliques. Devenue enceinte de celui qui est l'objet de l'observation, des circonstances particulières lui firent prendre la résolution, énergiquement maintenue, de rompre avec cette vieille habitude.

Or, pendant le premier âge, l'enfant montra les mêmes goûts que, pendant sa grossesse, la mère s'était interdit de satisfaire. Des liqueurs

____
[1] *Loc. cit.*, p. 40.

fortes se trouvaient-elles près de lui, il cherchait à s'en emparer, et cependant, « chose étrange, il paraissait enchanté quand on les mettait hors de sa portée ». Agé aujourd'hui de quarante ans, M. N. J. déclare que la même contradiction subsiste encore entre ses goûts héréditaires et sa volonté.

Les deux faits ne sont-ils pas parfaitement analogues ?

Ainsi, pendant qu'on nie les *envies maternelles* l'observation d'Ampère fournit un exemple d'*envie paternelle* dont l'authenticité vu la qualité des témoins ne paraît guère contestable.

Et que sont donc demanderons-nous ces produits tachetés de noir, qu'après avoir été uni une fois à des truies de la race noire de Berkshire un étalon de la race blanche de Totworth donna avec une truie de même race que lui, (voir ci-dessus page 60), que sont-ils sinon les effets d'un regard de père ? Et cela posé le regard de père n'entre-t-il pas comme facteur du résultat signalé ci-dessus dans le cas de ce troupeau Durham influencé par la couleur de ses étables ?

Envies paternelles et regards de père! les deux choses se complètent l'une l'autre ; et en gagnant le sexe où on n'en soupçonnait pas l'existence, le fait à démontrer se dispose d'autant mieux pour une explication ultérieure.

Noizet tenait, dit-il, d'Ampère plusieurs observations du genre de celle du priseur et « qui servent à établir d'une manière incontestable que les enfants tiennent de leurs parents, outre les dispositions corporelles, les penchants de leur âme, ou du moins quelques-uns de ces penchants ».

§ X

Les enfants du siège.

C'était une opinion populaire que les troubles physiques intellectuels et moraux sont excessivement nombreux chez les petits de Parisiens nés dans les neuf mois qui suivirent la guerre, et c'en était une autre que ces troubles avaient pour cause les événements terribles que la ville venait de traverser. De là le nom d'*Enfants du Siège*, synonyme d'enfants mal formés, communément donné à ceux dont il s'agit. Le nom et la relation qu'il établit entre les influences du siège comme cause et les troubles organiques ou fonctionnels comme effets, ont donc le peuple, c'est-à-dire tout le monde pour auteur ; la science les tient de cet anonyme. C'est par conséquent un exemple, le mot et la chose étant également justes, des utiles indications que les opinions populaires pourraient fournir aux savants qui se donnent trop souvent le tort de les dédaigner et de traiter de gentils-hommes à vilains des gens qui, pour n'avoir pas étudié dans des universités, ne sont pas dépourvus de la faculté d'observer.

I. *A la Salpêtrière.* Legrand du Saulle eut l'heureuse idée de soumettre l'opinion dont il s'agit à un contrôle scientifique et deux fois, à une année de distance, il s'occupa de ce sujet dans ses leçons cliniques à la Salpêtrière.

La première fois, en mars 1884. 92 enfants conçus pendant le siège lui avaient passé sous les yeux.

28 étaient en général petits et malingres ;

35 offraient des anomalies physiques, malformations ou troubles de nutrition ;

21 présentaient des troubles intellectuels (enfants arriérés, imbéciles ou idiots);

8 étaient atteints de troubles de l'ordre affectif et moral.

Ainsi, le fait paraissait dès lors acquis : les troubles d'évolution ou de développement sont nombreux chez les *enfants du siège* et imputables à la cause que dénonce cette désignation. Mais c'est une cause bien complexe que celle-ci : le « siège »! Auxquels des nombreux éléments qu'elle embrasse doivent-ils être rattachés? Or, l'hérédité mise à part, le médecin de la Salpêtrière signalait, comme explicatives de cette pathogénie, trois influences principales, savoir :

L'inanition à laquelle tous les pauvres furent en proie ;

L'abus de l'alcool ou alcoolisme, effet inévitable de la cause précédente dont il a d'ailleurs été, dans une certaine mesure, le modérateur ;

Et l'état psychique spécial, déterminé par des circonstances si terriblement dramatiques.

Ces trois causes prochaines reconnues, il y aurait à faire la part de chacune considérée isolément. Il y aurait encore à spécifier l'époque où elles ont agi : est-ce au moment de la conception? est-ce pendant la gestation? et à quelle date de celle-ci? distinctions bien difficiles quand les recherches portent sur les malades des hôpitaux. Soit dit pour montrer en passant combien la chose est laborieuse et délicate de faire la lumière, une lumière franche et fixe, loin qu'elle puisse s'improviser, sur aucune question scientifique.

De toutes les causes énumérées, la cause morale, quoique si anciennement signalée, est assurément la moins connue et serait la plus intéressante à étudier. Nous la prendrons sur le fait dans l'*Enfant de la Commune*, dont il sera question plus loin.

C'est dans la séance inaugurale de son cours des maladies mentales que Legrand du Saulle abordait cet important sujet. Nous n'y étions pas, mais un jeune écrivain [1] y était pour lui-même et pour nous qui rédigea à notre intention une note dont les lignes suivantes sont extraites :

« Le professeur a donc fait à larges traits l'histoire de l'année terrible ; il a montré, non le courage de la population parisienne s'affaiblissant — c'eût été une calomnie, un mensonge — mais son état mental pliant peu à peu sous le fardeau des misères, des douleurs, des privations accumulées. N'est-il pas naturel que les enfants fabriqués pendant cette période bousculée, entre deux paniques, entre deux bombardements, soient nés mal équilibrés, atrophiés, épileptiques ou fous ? Rien que dans le quartier des petits, à Bicêtre, on compte vingt et un *enfants du siège*.

.« Cela fournit à M. Legrand du Saulle le thème de sa péroraison, sorte de malédiction jetée à cette stupide et criminelle guerre, dont les ravages ne se font pas seulement sentir pendant que durent les hostilités, mais se manifestent encore après treize années. Il nous a montré quelques « sujets », de malheureuses petites filles d'aspect navrant, dont les parents étaient sains d'esprit, mais qui sont nées idiotes ou imbéciles, parce qu'il a plu à ces deux... l'empereur des Français et le roi de Prusse, d'armer l'un contre l'autre des peuples

[1] Lucien-Victor Meunier.

point faits pour être ennemis. Guerre à la guerre ! a-t-il dit. »

La même note nous montre d'après la même leçon un autre effet de la guerre se continuant après celle-ci : « Lorsque l'on n'a plus eu de pain ni de viande, la chose est connue, on a cherché la réparation des forces dans le vin qui, lui, ne manquait pas... Ce dernier fléau exerce encore ses ravages. Les statistiques des hôpitaux démontrent que les cas d'alcoolisme très rares chez la femme avant la guerre, n'ont pas cessé, depuis cette époque, d'être nombreux... Savez-vous que maintenant, sur les milliers d'individus rencontrés annuellement, détraqués, dans les rues et conduits à l'infirmerie de la préfecture, plus du quart, vingt-six pour cent, sont alcooliques ; n'est-ce pas redoutable ? »

Un an après (avril 1885), fort de nouvelles observations, le savant clinicien revint sur le sujet :

« Les conditions intimes de la vie fœtale ont été influencées, modifiées, troublées pendant le siège... Le développement physique, intellectuel et moral de l'être humain a pu certainement être altéré... La cause pathogénique a pu aller jusqu'à arrêter plus ou moins l'évolution dont l'ensemble constitue ce qu'on appelle la vie de relation... » Telles sont les généralités qu'il formule dès le début ; il analyse ensuite les conditions d'existence subies pendant les longs mois du siège par ceux dont il va examiner tout à l'heure la triste progéniture. Le tableau est trop connu pour que nous en reproduisions rien de plus que le trait qui nous les montre sous le coup « de cette sorte de *traumatisme moral* produit par la chûte soudaine de la patrie ». Il reconnaît d'ailleurs que la loi de Carthage qui proscrivait toute boisson autre que l'eau le jour de la cohabitation maritale, était tombée en désuétude bien avant les événements de l'année terrible. Enfin il arrive à ses observations personnelles.

Elles portent maintenant sur 120 enfants. Il n'en est pas qui ne lui aient paru « un peu plus petits, plus frêles, plus pâles que les enfants de leur âge » ; mais pour ne parler que de ceux qui ont présenté de véritables anomalies physiques, intellectuelles, morales ou affectives, ils sont au nombre de 60 !

Soixante sur cent vingt !.

En voici qui se trouvent dans le service de Legrand du Saulle et que ses auditeurs ont eus sous les yeux.

Marie D..., née à Paris, sept mois après la levée du siège (26 août 1871), est imbécile. Elle n'a marché qu'à trois ans et demi et parlé qu'à six ans. Parlé ! quelques monosyllabes sont tout ce qu'elle peut dire. Ne sait pas lire. A eu en 1883 une série de dix-sept attaques d'épilepsie. Elle a un frère qui est un enfant intelligent.

Henriette C..., née à Paris sept mois après le siège (20 août 1871), hémiplégique, épileptique, hallucinée ; voit des choses qui n'existent pas et qui l'effrayent ; entend à chaque instant une musique imaginaire. Mais que de fois, par l'œil et l'ouïe, ses parents ont pu assister en toute vérité à des scènes pareilles à celles qu'évoque en cette enfant la mystérieuse influence du siège ! Sa prononciation est très défectueuse. Elle a les deux yeux malades (kératite); est sourde depuis deux ans. Niveau intellectuel très bas. A cependant pu dans ces derniers temps, apprendre à lire, écrire et même compter. Etat général : dépérissement. Frères et sœurs bien portants.

Célestine D..., née à Paris cinq mois après le siège (21 juin 1871). Idiotie, mutisme, pleurs, turbulence, cris, gâtisme. Ne distingue pas un A d'un B.

Marie E..., née à Paris trois mois après le siège (25 avril 1871). Convulsions à quinze mois. Hémiplégique gauche à trois ans et demi. Atrophiée de tout le côté gauche. Intelligente, mais sujette à des excitations maniaques qui la rendent malfaisante et dangereuse ; alors, elle brise et déchire ; elle frappe sa mère à qui, plusieurs fois, elle a essayé de crever les yeux avec des ciseaux. Vertigineuse, se livre dans ses accès à des fugues inconscientes. Tendance marquée au vol. Ne sait ni lire, ni écrire, ni compter.

Marie M..., née à Paris six mois et demi après le siège (3 août 1871). Celle-ci avait pour père un homme exalté et un peu ivrogne, pour mère, une pauvre créature timide, remplie de la peur de son mari. Placez ce couple dans le milieu qu'en novembre 1870 Paris pouvait leur offrir ! Ces prémisses posées, voici la conséquence. Marie n'a marché qu'à vingt-huit mois, n'a parlé qu'à trois ans ; crie depuis qu'elle existe. Sa laideur est horrible. Elle est méchante, brise tout ce qui lui tombe sous la main ; fouettait violemment, avant d'entrer à l'hospice, son jeune frère âgé de huit ans. Enfin, elle est très arriérée, ne sait pas lire. Ses frères et sœurs, qui n'ont rien eu à démêler avec l'empereur d'Allemagne, sont bien portants.

Victorine H..., née à Paris sept mois après le siège (19 août 1871), parut d'abord très intelligente, mais elle eut, vers l'âge de quatre ans, des convulsions épileptiformes. Elle est épileptique depuis l'âge de huit ans. Les attaques, d'abord bimensuelles, puis hebdomadaires, ensuite quotidiennes, se répètent maintenant plusieurs fois par jour. Elle perd dans ces crises multiples, la faculté du langage et reste jusqu'à vingt-quatre heures et plus sans dire un seul mot. De temps en temps, elle s'échappait de chez ses parents et inconsciemment s'en allait devant elle. Son niveau intellectuel est très descendu. Caractère emporté et violent. A un frère et une sœur qui se portent bien.

En résumé, sur les soixante enfants indélébilement marqués des stigmates du siège qui ont été observés par le médecin de la Salpêtrière :

Un peu plus de la moitié, 31, lymphatiques, pâles, débiles, souffreteux, scrofuleux, strabiques, sourds, bègues, paralysés, contracturés, rachitiques, épileptiques, nains, sourds-muets, pieds-bots, affectés du bec de lièvre ou ayant les mains palmées, etc., en portent le signe physique ;

21, d'esprit faible, apathiques, moroses, dépourvus d'attention, incapables d'apprendre à lire, à écrire ni à compter, sans discernement aucun, imbéciles ou idiots, sont lésés dans la partie intellectuelle de leur être;

Et 8, intelligents en apparence, sont sans cœur, irritables, bizarres, pervers, indisciplinables, brutaux. Ils frappent leurs camarades, martyrisent les animaux, menacent de mort leurs parents, se livrent à des obscénités, cherchent à mettre le feu. « Ils ont presque l'air d'être doués de raison, et en somme présentent un véritable délire des actes. »

Déclarons la guerre à la guerre! redisait le professeur en terminant sa leçon clinique. Il voulait aussi la déclarer à l'alcoolisme : « L'alcoolisé n'ayant le plus souvent pour enfants, que des

dégénérés, combattons à outrance l'alcoolisme. »
Mais il faudrait combattre aussi cet état d'esprit
qui fait que les hommes s'occupent si peu ou si
mal de ce qui devrait exclusivement les passion-
ner, de ces améliorations positives dont ils sont
les seuls artisans possibles et recueilleront les
fruits quand ils le voudront. Ni la guerre, ni l'alcoolisme, ni aucune autre cause de dégénérescence ne saura autrement vaincue.

A Bicêtre et aux Sourds-Muets. — Bien entendu
que le service de Legrand du Saulle n'avait pas le
privilège de ces sortes de faits ; neuf ou dix garçons imbéciles, épileptiques, idiots, hydrocéphales,
strabiques, hémiplégiques, paraplégiques ou
gâteux que renfermaient dans le même temps les
salles de M. Bourneville à l'hospice de Bicêtre,
dataient des heures douloureuses du siège. D'autre
part, sans être en mesure de produire des docu-
ments statistiques, M. Ladreit de la Charrière, médecin en chef des sourds-muets, se souvient parfaitement d'avoir constaté des malformations
diverses, de la surdité entre autres, et de la surdi-
mutité chez les enfants nés à Paris en 1871, de parents ayant fait partie de la population assiégée.

En province. — Mathilde B... est née d'habitants de Thionville, en avril 1871. Ses parents
s'étaient mariés l'année d'avant. Le père fut pris

par le service militaire. La mère, enfermée dans la ville, dut chercher dans sa cave un abri contre les glorieux obus prussiens. Conséquences : formée dans ces conditions, Mathilde eut des convulsions épileptiformes dès son premier âge ; elle n'a commencé à parler qu'à cinq ans ; sa faiblesse d'esprit est telle, qu'on n'a pu lui apprendre à lire. On lui donnerait dix à onze ans tout au plus. Colère, emportée. Elle éprouve des soubresauts et des secousses tenant de la chorée. — Un enfant plus jeune que Mathilde, né des mêmes parents, mais conçu dans la paix, est parfaitement constitué et très bien doué.

Voilà des conséquences de la guerre auxquelles on n'avait point fait attention jusqu'ici. Ne négligeons plus désormais ce côté de la gloire. Quel tort par ignorance nous faisions aux conquérants ! Ils dressaient avec soin le nombre d'ennemis tués par eux et blessés ; que dis-je ! ils l'exagéraient, car plus le chiffre en était gros, et plus il excitait d'admiration. S'ils avaient su ! Quels suppléments dans un temps donné, ils eussent annexés à leurs bulletins de victoire : « Indépendamment de la quantité déjà connue de morts et d'infirmes que nous avons faits à l'ennemi dans la dernière guerre, il résulte des statistiques médicales que nous lui avons fait : tant d'épileptiques, tant de rachitiques, tant d'imbéciles, tant d'idiots, tant de pervers, tant de monstres, enfin, de toutes sortes... Nous avons imprimé le sceau de la dégénérescence sur tant de ses enfants..., suppléé chez eux à l'hérédité pathologique absente... fondé son empire sur la descendance de ceux de ces dégénérés qui seront en état de se reproduire... L'ennemi est atteint jusque dans ses générations futures... Rendons grâce à Dieu qui nous protège si visiblement. »

§ XI

L'enfant de la commune.

Ou l'enfant du second siège. Premier ou second siège, les subsistances à part, c'est verjus vert, mais l'élimination de cet élément, ici hors de cause, constitue une circonstance heureuse en ce qu'elle va nous permettre de serrer de plus près la cause possible des faits.

Il s'agit d'une jeune fille de douze ans (en 1884), née en janvier 1872, au terme normal d'une grossesse parfaitement régulière. La conception se place, par conséquent, en pleine Commune. C'est une enfant assez bien conformée et dont le crâne paraît régulier. Cependant, elle est née avec un bec de lièvre latéral dont on l'a opérée, et elle offre un tic des paupières. Ce n'est que vers l'âge de six ans qu'elle a commencé à se faire comprendre. Elle parle avec beaucoup de difficulté, lit très mal, écrit à peine, malgré les soins donnés à son éducation. Elle a encore de temps en temps de l'incontinence nocturne d'urine. Est toujours somnolente, taciturne. Paraît avoir des accès vertigineux pendant lesquels ses mains laissent tomber tout ce qu'elles tiennent.

Si on essaie de pénétrer les causes de ce fâcheux état, il est difficile, pour ne pas dire plus, de l'attribuer à l'hérédité.

Le père est bien portant et sobre, sans antécédents nerveux; ceux-ci font également défaut chez un oncle et une tante paternels. La mère est un peu romanesque, mais n'a jamais éprouvé d'accidents nerveux caractérisés. Trois enfants nés avant cette jeune fille en sont de même absolument exempts et ne sont affectés, non plus que leurs parents, d'aucune difformité. Le père, qui est avocat et un peu au courant de la question d'hérédité physiologique, s'est livré à une enquête qui n'a donné d'autre résultat que celui-ci : le grand-père paternel goutteux et une tante maternelle atteinte à plusieurs reprises de chorée sans rhumatismes. C'est assez pour qu'on ne puisse se prononcer d'une façon absolue contre l'hérédité, mais non pour faire incliner en sa faveur. On voit une fois de plus avec quelle rigueur ces enquêtes doivent être conduites pour fournir matière à des conclusions scientifiques.

Après l'hérédité se présentent les causes énumérées ci-dessous :

L'inanition? L'alcoolisme? Mais outre que le second siège n'a pas connu la première et que par suite il a infiniment moins subi l'autre, aucune de ces causes n'est intervenue dans la pathogénie du fait dont il s'agit. Reste l'état psychique. Or, voici à cet égard le témoignage du père.

Tout le porte à croire que la conception de cette malheureuse enfant eut lieu le 2 mai 1871, vers sept heures du matin. Or, une demi-heure après, des gardes nationaux chargés d'une perquisition firent irruption dans l'appartement au grand effroi de la jeune femme, qui, immédiatement, fut prise de vomissements. Elle fut plusieurs jours à se remettre d'une si forte émotion. Ils purent alors quitter Paris et la grossesse suivit son cours, sans présenter rien de particulier.

Il semble donc, bien que l'état psychique soit ici en cause et que le choc moral ait tout fait.

§ XII

Un système de phrényogénie.

Sous le titre : *Phrényogénie*, parut une dizaine d'années après celui de M. de Frarière, qui n'y est nulle part nommé, un livre dont l'auteur, M. Bernard-Moulin, s'est proposé de démontrer que : « les enfants sont, à l'état physique, moral et intellectuel, la photographie vivante de leurs parents générateurs prise au moment de la conception. » Ses arguments sont de nature historique, il les emprunte aux vies de personnages fameux de diverses sortes : guerriers, politiques, orateurs, poètes, artistes, etc... Napoléon ouvre la marche.

Norvins rapporte que Mme Lœtitia Bonaparte devint enceinte de son second fils pendant une expédition militaire où elle accompagnait, couchant sous la tente, son mari, aide de camp et secrétaire de Paoli. Cet exemple, qui est typique, montre, dès le seuil du sujet, par où pèche le système de l'auteur. Ayant invoqué l'historien précité : « Et la supputation des dates, ajoute-t-il, nous mène avec assez d'exactitude à placer cet événement (la conception de Napoléon), aux escarmouches qui précédèrent de quelques mois la bataille décisive de Ponte-Nuovo. »

Mais la génération de l'effrayant homme de proie pour qui, de son propre aveu, la vie de milliers de créatures n'était rien, eût-elle eu lieu dans le fracas et l'horreur d'une bataille, ce n'est pas seulement sa conception, c'est toute sa vie fœtale qui s'est accomplie au milieu des événements de la guerre; et ensuite? n'a-t-il pas été élevé dans la guerre et pour la guerre! Dès lors peut-on faire dépendre des seules circonstances de la conception le funeste génie militaire de l'auteur direct de la première et de la seconde invasion, indirect de la dernière?

La même observation s'applique avec autant de force à un autre exemple non moins éclatant invoqué par l'auteur. Il s'agit d'Annibal, conçu pendant la longue et double lutte qu'assiégé et assiégeant, tout à la fois, Amilcar Barca, son père, soutint dans Eryx, en Sicile, contre la citadelle dont il n'avait pas eu le temps de chasser la garnison après avoir pris la ville, et contre l'armée romaine, entourant cette ville et lui-même. « C'est la troisième année de ce siège mémorable... que naquit le héros de la seconde guerre punique. Voilà le plus grand tacticien de l'antiquité, conçu comme Napoléon, au sein des armées, d'un père valeureux, etc... Si cet enfant n'est pas la photographie des idées paternelles telles qu'elles ont existé au moment de la conception, notre système est perdu... Mais quel beau portrait sort de ce moment solennel! Comme Annibal est un Amilcar embelli!... Cet Annibal d'Eryx est une preuve irréfragable de notre système. »

Pour qu'il en fût la preuve, il faudrait que « les idées paternelles au moment de la conception » n'aient été celles d'Amilcar Barca qu'à ce moment-là, ou qu'ultérieurement Annibal ait été soustrait aux fortes leçons de son père, ce qui juge le système, lequel des trois groupes de causes qui, dans les meilleures circonstances, peuvent concourir à former un caractère, n'en voit qu'une très incomplètement et va jusqu'à oublier de faire entrer l'éducation en ligne de compte. Heureusement la nature est moins exclusive et l'excès d'une de ces causes supplée au défaut d'une autre. Voici où l'exclusivisme de ses idées mène l'auteur : « Veut-on voir comment les idées d'Amilcar au siège d'Eryx ont déteint sur son rejeton? Ce à quoi le général pensa le plus, ce fut au bénéfice d'une diversion si un corps de Carthaginois avait débarqué en Italie... Une diversion! c'est précisément ce que prépare et accomplit Annibal, aussitôt qu'il dispose d'une armée. Si sa première campagne est devant Sagonte, les années de son âge mûr s'écoulent en Italie. » C'est de l'enfantillage.

Si Mahomet II, chez qui l'auteur prétend reconnaître les signes phrénologiques du peintre et du poète et qui « reçut l'existence » quand sa nation campait déjà, l'Asie Mineure conquise, sur les hauteurs de Brousse d'où, par delà le Bosphore, sa vue éblouie embrassait Constantinople ; si Mahomet prit cette ville, c'est que le spectacle merveilleux de cette ville-reine avait rempli les yeux et l'esprit d'Amurat III, son père.

Si César fut César, c'est que son père, cousin de Marius, et par qui Marius, pendant sa campagne cisalpine, communiquait avec le Sénat et le peuple, avait eu plus que personne les yeux et l'esprit tournés vers la province romaine. Par les préoccupations dont ils remplirent l'âme de celui qui allait engendrer le maître du monde, les travaux du prochain exterminateur des Cimbres suscitèrent le futur vainqueur de Vercingétorix.

Les exploits de Sésostris (Ramsès II), sont dus à ce que le plus ardent désir d'Aménophis, son père (c'est Séti Ier), avait dû être d'engendrer un guerrier : « La pensée secrète de ce monarque éclata aussitôt après la naissance de son fils.

« Il fit amener à la cour tous les enfants nés le même jour que le sien. Il les éleva ensemble dans les mêmes exercices militaires. De cette école sortit une pépinière de lieutenants et de généraux... L'histoire de ce prince, apprise dès notre enfance, nous laissa croire que chaque père, comme Aménophis, pouvait avoir des enfants du génie et du talent qu'il voudrait... Nous pensions à tous moments voir cette opinion se produire dans les auteurs et entendre expliquer les règles de cet art... Aucun livre n'expliquait ce secret de la nature... »

L'œuvre civilisatrice de Pierre le Grand s'explique par les tendances de son père, Alexis Ier. Pierre vint au monde « quelque temps après cette apparition de vaisseaux hollandais dans la Néwa qui fit courir toute la cour moscovite… Alexis Ier, dès ce moment, avait voulu une flotte ».

Le vénérable Washington fut, dans le même sens, le fils de son père. « Washington reproduisit en grand les qualités qui n'étaient qu'en germe actif chez l'arpenteur de la Virginie, son père. »

Non moins exactement, Wellington procède du sien, homme des plus sérieux et des plus occupés, gouverneur d'Irlande, lecteur assidu de Polybe et de César, etc…, etc…, etc…

A l'inverse de M. de Frarière, qui s'était donné pour tâche de mettre en relief l'influence de la mère au cours de sa grossesse; c'est donc celle du père au moment de la conception qui a préoccupé notre auteur. Même à propos de Napoléon, contrairement à ce que la vie d'amazone de Mme Lœtita Bonaparte eût pu faire croire, ce n'est pas à la mère que la prépondérance dans la formation du moral de l'enfant est accordée, mais au tendre époux de cette femme virile. Ayant fait allusion au rôle politique et militaire que celui-ci (Charles-Bonaparte) remplissait quand son fils fut engendré : « Rôle à la vérité secondaire, mais passionné, actif et glorieux »; voici ce que l'auteur ajoute : « Venu au monde dans ces conditions, l'enfant reproduira ce goût paternel, momentané, mais ardent pour la vie guerrière, l'emploi favori du canon; les combinaisons stratégiques, où le génie triomphe du monde et des obstacles... Et il sera un capitaine et un administrateur consommé, un vrai Paoli, enfin, type dont le cerveau paternel caressait l'image ; mais un Paoli transfiguré, agrandi outre mesure, etc. » Quelques lignes plus loin, il assure que la modération, qualité dont Napoléon fut si mal pourvu, était la seule qui manquât à Charles-Bonaparte.

Ce n'est pas à dire que selon le système qui nous occupe le rôle maternel, sous le rapport psychique, se réduise à zéro. Il n'est pas vraisemblable que la passion guerrière de Mme Bonaparte n'ait été pour rien dans l'être issu d'elle, et on croira difficilement que, né d'une femme également douée des délicatesses du corps et de celles de l'âme et qui eût vu la guerre comme une âme d'en haut doit voir ce déchaînement d'en bas ; on croira difficilement que, conçu par une créature angélique, dans les alarmes de la vie des camps, Napoléon ait pu être exactement ce qu'il a été.

Jusqu'à preuve du contraire, on n'admettra pas davantage que le grand Annibal ait été conçu dans le sein d'une femmelette ou d'une femelle aussi étrangère dans un cas que dans l'autre aux pensées héroïques d'un Amilcar Barca. D'ailleurs, outre que la formule générale de l'auteur, reproduite plus haut, a les deux sexes, lorsqu'il parle de Mahomet II; qui conquit Constantinople parce qu'elle avait donné dans l'œil à son père Amurat III, il se montre spirituellement fidèle à cette formule : « J'ai toujours pensé que quelque prince grec aurait au rebours, dans les temps à venir, la même vision. Je ne réponds pas des conséquences pour l'Europe contemporaine si son épouse, partageant son lit, partage les mêmes idées. Il pourrait bien naître là... quelque conquérant comme ce Mahomet II, engendré par des parents ne dormant que d'un œil, l'autre fixé sur Constantinople... »

La femme n'est donc pas oubliée, mais elle n'est guère citée que pour mémoire. Nous n'en ferons néanmoins pas un sujet de critique. Les éléments d'un tout complexe, abstraits par autant de chercheurs doivent être tour à tour exagérés par ceux-ci avant d'être évalués à leur vraie valeur et groupés en un tout harmonique. L'auteur attire très utilement l'attention sur l'importance du rôle que joue à un certain moment une disposition d'esprit dont on ne cherche d'ordinaire les conséquences que dans les conditions de milieu qu'elle fait à un nouvel être et spécialement dans le système d'éducation auquel il est soumis. Le côté faible de ce genre de preuves historiques, c'est que, dans beaucoup de cas, elles n'ont que l'autorité d'inductions vraisemblables. C'est ainsi que l'état d'esprit de Seti Ier, au moment de la conception de Ramsès II, est induite de l'éducation donnée à celui-ci. L'auteur convient à propos de César et d'Alexandre que « sur ce qui s'est passé au moment de la conception de ces grands capitaines » on ne sait rien; c'est à quoi se réduit tout ce qu'on sait dans le plus grand nombre de cas. N'eût-il pu en dire autant à propos de Washington, de Wellington, etc.? La seule constatation habituellement possible est celle d'un rapport entre les dispositions de l'enfant et les occupations habituelles du père ou celles auxquelles les circonstances l'obligèrent à s'adonner dans le temps où l'enfant fut conçu. Ce rapport constitue d'ailleurs une donnée intéressante et la voie suivie par l'auteur mérite d'être explorée davantage, avec toutes les ressources de l'érudition et le plus grand scrupule d'exactitude.

Mais s'il a rendu un service en montrant que les résultats attribués d'ordinaire à d'autres causes peuvent revenir pour une certaine part aux dispositions apportées à un certain acte, il est vrai qu'il a lui-même commis la faute inverse : aucun des personnages cités d'après lui ne peut s'expliquer sans faire intervenir le milieu, la famille, l'éducation, l'hérédité, l'atavisme (cas de Napoléon); cela est si évident qu'il n'y a pas lieu d'insister. Nous avons présenté pareilles remarques à propos de certaines observations de M. de Frarière.

Bref, dans la fabrique des esprits, plusieurs influences sont ou peuvent être à considérer, celles :

1° De l'hérédité proprement dite ;

2° De l'atavisme ;

3° De l'état mental des parents, ensemble ou séparément à l'instant de la conception ;

4° Celle (physique et morale) de la mère au cours de la grossesse ;

5° Du milieu ;

6° De l'éducation, etc.

Cela sera étudié scientifiquement, le jour venu. De cette étude comme de toute recherche scientifique résulteront des règles pratiques. Et la pratique de ces règles sera une des principales sources de la prospérité du genre humain.

§ XIII

Vérification expérimentale de l'éducation antérieure.

Acceptant le principe de l'éducation antérieure M. Liébeault s'est préoccupé de la recherche des conditions les plus favorables à son application et il pense qu'elles se trouveraient réalisées dans le sommeil hypnotique pendant lequel, par la puissance de la suggestion, l'incubation morale de la mère sur le fœtus pourrait être aisément portée à son maximum et influencée en direction comme en intensité. C'est, en effet, la conclusion à laquelle on doit arriver quand, la réalité de cette incubation admise, on considère « qu'une idée fixe imprimée dans l'esprit d'un dormeur, va éclore chez lui, à son insu, et fatalement à une époque ultérieure très éloignée ». La pensée ayant puissance tant sur l'organisme de l'être qui pense que sur celui de l'être conçu par ce même sujet, n'est-il pas naturel de supposer que l'état de sommeil profond si favorable dans le premier cas à l'action de cette force, la favoriserait également dans le second ? C'est le raisonnement de M. Liébeault, qui le développe avec beaucoup de force. Ayant voulu le mettre à l'épreuve de l'expérience, trois somnambules enceintes lui servirent de sujets d'études. Il leur suggéra, selon leurs goûts, les qualités que leurs enfants devaient avoir. Malheureusement deux de ces enfants sont morts, ce qui est d'autant plus regrettable que les aptitudes qui devaient leur être inculquées, étant de nature toute spéciale, eussent pu être reconnues à ce titre comme effets de la suggestion. Restait une petite fille pleine de force, à qui sa mère n'avait souhaité dès le second mois que sagesse, intelligence et beauté. « C'était trop, dit l'expérimentateur. Nous aurions voulu moins et une qualité tranchée. Ce qu'il adviendra de nos suggestions, nul ne le sait encore. Toujours est-il que c'est en employant la suggestion sur une femme enceinte et en état de sommeil que l'on établira sûrement la thèse que nous soutenons[1]. »

[1] *Du sommeil et des états analogues*, etc., Paris 1866, p. 178.

CHAPITRE III

ENVIES ET STIGMATES

Dans une note de son édition du *Système physique et moral de la femme* par Roussel, Cerise dit : « Personne ne conteste l'influence de la mère sur la vie et la santé du fœtus... On ne conteste pas davantage l'action des émotions de la mère sur les fonctions de l'enfant qu'elle porte dans son sein. Ce qui est en question, ce qui est contesté, c'est l'influence des idées ou des impressions de la mère sur la production, dans le fœtus, de conditions physiologiques ou pathologiques *relatives à ces idées ou à ces impressions.* C'est ce problème, souvent agité autrefois et justement dédaigné aujourd'hui, etc. »

S'il était contesté que les idées ou impressions de la mère pussent produire chez l'enfant ces signes, ces taches, ces vices de conformation que par métonymie on nomme vulgairement *envies* et *regards ;* ce qui ne faisait pas même question,

c'était que les mêmes causes (idées ou impressions) pussent avoir sur l'organisme des personnes chez qui elles opèrent des effets analogues
à ceux dont il s'agit : la négation était absolue.
La seconde influence admise, par impossible,
la première en effet se fut imposée. Ce n'est
pas qu'à l'appui de la seconde les témoignages aient manqué. On avait l'exemple de
ces extatiques tels que saint François d'Assise, le
premier de tous en date, qui, absorbés dans la
contemplation des plaies du Christ en croix,
arrivèrent par le seul effet de l'imagination à en
produire sur eux-mêmes la représentation.

Mais de ces faits et de leurs analogues, que
nous pourrions multiplier, les uns étaient enta-
chés de superstition, et les autres se présentaient
à l'état d'exception; on n'en tenait aucun compte,
leur temps n'était pas venu.

Il l'est aujourd'hui, grâce aux progrès de la physiologie lesquels étaient la condition préalable et
sine quâ non d'une étude scientifique de l'élément
psychique. Avec la suggestion hypnotique l'action
de l'âme sur le corps ou, si on l'aime mieux, du
moral sur le physique, ou encore de l'imagination,
de l'idée, de la volonté sur l'économie entre dans
la voie expérimentale où, dès qu'on y est engagé,
on ne s'arrête plus.

§ I

Stigmatisation expérimentale.

A. *Premières expériences de M. Focachon.*

Au mois de juin 1885, le médecin aussi savant
que modeste, aussi désintéressé que savant, que
reconnaissent pour leur initiateur et leur guide
les professeurs nancéens dont les retentissants
succès dans l'étude de l'hypnotisme ont si digne-
ment récompensé le courage moral, M. le Dr Liébeault [1], nous adressa une longue lettre consacrée
au récit d'expériences remarquables entre les plus
rares qui mettaient dans un relief nouveau l'action
du moral sur le physique.

Ces expériences eurent pour auteur M. Focachon, pharmacien à Charmes-sur-Moselle (Vosges).
En science, tout résultat doit passer au contrôle,
surtout dans les matières contestées, surtout
quand les résultats ne se présentent pas avec la
recommandation d'une autorité établie. Hâtons-
nous donc de dire que si le pharmacien de
Charmes a tout l'honneur de ses expériences, les
professeurs de Nancy en partagent avec lui la

---

[1] Auteur de l'œuvre capitale déjà plusieurs fois citée : *Du
sommeil et des états analogues.*

responsabilité pour les avoir faites leurs, en les répétant avec son concours, ce qui ne laisse pas que d'entraîner pour eux aussi beaucoup d'honneur. Nous ne sommes pas habitués à trouver dans des souliers d'académiciens et de professeurs des hommes aussi hospitaliers aux nouveautés ; et tout Paris qu'il est, Paris ne ferait pas mal de prendre exemple sur cette province !

M. Focachon suivait, une couple d'années auparavant, la clinique de M. Liébeault. Conquis à l'hypnotisme par le spectacle des faits, il s'adonna à cette branche nouvelle de recherches psychiques et d'applications thérapeutiques. Un beau succès obtenu dans le traitement d'un hystéro-épileptique, qui lui voua, en échange de ses soins, une reconnaissance profonde, mit à sa disposition un sujet précieux, au moyen duquel furent faites les choses qui vont suivre.

Mlle Elisa ..... est la névropathe dont il s'agit. Elle avait trente-neuf ans. Il y en avait quinze qu'elle était sujette à des attaques hystéro-épileptiformes revenant trois à cinq fois par mois, quand M. Focachon en entreprit le traitement. La guérison fut obtenue en peu de séances. C'est alors qu'avec l'agrément de sa cliente, il commença par rechercher sur elle si ce qu'une émotion produit, à la connaissance de tout le monde : l'accélération ou le ralentissement des battements du cœur ; la seule idée de ce changement, suggérée et intimée par l'hypnotiseur à l'hypnotisée, ne le produirait pas ; en d'autres termes, si, sur l'ordre qui lui en serait donné, l'hypnotisée ne modifierait pas le mouvement de son cœur ; conséquemment, si, dans une certaine mesure, elle ne lui commanderait pas.

La somnambule est endormie. Une montre à secondes dans la main gauche, la droite sur l'artère radiale, M. Focachon constate l'état du pouls. Ensuite, donnant suggestivement et à haute voix l'ordre d'en modifier la marche, il voit la modification se produire dans le sens prescrit ; résultat nombre de fois obtenu.

M. Liébeault, à qui M. Focachon en fit part, n'y trouva pas de motifs d'étonnement, ayant fréquemment traité de la sorte, avec succès, des malades atteints de palpitations. M. le professeur Beaunis, informé par M. Liébeault, eut le désir de vérifier le fait en appliquant la méthode graphique. Heureuse inspiration, car, comme le disait notre honorable correspondant, on est fort exposé à se tromper « lorsqu'on tâte l'artère radiale en même temps qu'on en compte les contractions sur une montre, l'attention étant dédoublée ». L'enregistrement automatique supprime ces chances d'erreurs. Le laboratoire de M. Beaunis, à la Faculté de médecine de Nancy, parfaitement outillé, fut choisi comme théâtre des expériences de contrôle auxquelles M. Focachon et sa somnambule se prêtèrent avec le plus grand empressement[1].

Résultats. Sur la suggestion de ralentissement du pouls : on compte 6 pulsations de moins par minute ; sur la suggestion de l'accélération : on compte 20 pulsations de plus par minute[2].

M. Focachon passa alors à un autre objet. La stigmatisation, qui, pour n'avoir certainement rien de miraculeux, n'est pas nécessairement toute mensongère, le préoccupait. Dans les cas réels, M. Alfred Maury, de l'Académie des inscriptions a montré[3] les effets de l'extase considérée, bien entendu, comme état pathologique, opinion pour laquelle M. le docteur A. Imbert-Gourbeyre l'a fortement injurié[4], laissant voir par là, où le bât le blessait. Or, M. Focachon s'est proposé de chercher expérimentalement si ces stigmates ne pouvaient résulter d'une action psychique pareille à celle qui s'exerce dans la suggestion hypnotique. Ses résultats, pour le dire tout de suite, sont dans le sens de l'affirmative[5].

---

[1] Présents: MM. les professeurs Beaunis et Bernheim, de la Faculté de médecine; Liégeois de celle de droit; M. le Dr René, chef des travaux physiologiques; M. le Dr Liébeault.

[2] Le tracé sphygmographique en a été mis par M. Beaunis sous les yeux des membres de la société de biologie.

[3] Au chapitre III de son livre sur *la magie et l'astronomie dans l'antiquité et au moyen âge.*

[4] *Les stigmatisées*, Paris, 1873, t. II.

[5] M. le Dr Warlomont regrettera de ne pas les avoir

Ne tardons pas à dire qu'ils ont été non moins contrôlés que les précédents. C'est, du reste ce qu'on va voir.

Mais d'abord le pharmacien de Charmes, expérimentant seul, saisit l'occasion d'une douleur ressentie par Mlle Elisa, au-dessus de l'aine gauche, pour lui suggérer pendant le sommeil provoqué, et dans l'intention de la guérir, la formation d'un vésicatoire à l'endroit douloureux, où rien ne fut appliqué, cela va sans dire.

Le lendemain, à cette place : grande bulle de sérosité.

Peu de temps après, une douleur névralgique ayant son siège dans la région de la clavicule droite, fut traitée par « l'affirmation verbale » de pointes de feu qui eurent tous les effets de vraies pointes de feu : brûlures bien formées et laissant des eschares réelles.

C'est ce que le pharmacien de Charmes annonçait aux physiologistes et médecins de Nancy, en sollicitant leur... contrôle.

Le 2 décembre 1884, dans le laboratoire de la Faculté de médecine, la somnambule endormie, on procéda à ce contrôle [1]. M. Bernheim choisit

connus lorsqu'il fit devant l'Académie de médecine de Bruxelles, son intéressant et consciencieux *Rapport médical sur la stigmatisée de Bois-d'Haine.*

[1] Présents : MM. les professeurs Beaunis, Bernheim et Liégeois, déjà nommés; M. le Dr Liébeault et M. le Dr Simon, chéf de clinique.

pour siège de la vésication à produire par simple
affirmation suggestive, la partie du dos où l'on ne
peut pas porter soi-même les doigts. A l'aide d'un
objet qu'il tenait à la main, il en délimite la dimen-
sion sur les vêtements. Il était onze heures. L'expérience eût dû commencer deux heures plus tôt[1].

Il résulta de ce retard qu'on ne put suivre aussi
longtemps qu'il l'eût fallu le développement des
signes pathologiques. Jusqu'à cinq heures et
demie du soir, M. Liébeault, en compagnie de
M. Focachon, tint la dormeuse sous sa surveillance. On ne manquait pas de lui renouveler la
suggestion. Elle se plaignait de chaleurs entre
les épaules. Sur tout ce temps, on ne la tint
éveillée qu'une heure et demie à peu près, pendant laquelle une sensation de brûlure et de
démangeaison la porta plusieurs fois à vouloir se
frotter le dos contre un meuble, ce qu'on l'em-
pêcha de faire. A cinq heures et demie, en présence de MM. Bernheim, Liégeois, Dumont, chef
des travaux physiques de la Faculté de médecine,
l'effet produit fut constaté savoir : rougeur circonscrite dans les limites tracées et présentant
en quelques endroits, un piqueté en saillie et
de couleur plus foncée que la peau environnante ;
toutes les apparences, en un mot, d'une congestion sanguine cutanée.

[1] M. Bernheim s'était trouvé retenu à l'hôpital par son service.

C'était bien le prélude d'une vésication, mais
ce n'en était que le prélude. Le phénomène suivit son cours. De Charmes, le lendemain, huit
heures et demie du matin, les savants de Nancy
recevaient une dépêche télégraphique portant :
« Vésication complète imitant brûlure. Montré
Chevreuse. Envoie attestation. » L'attestation
bientôt arrivée du docteur Chevreuse, portait :
« J'ai pu constater l'existence d'un érythème vési-
culeux entre les épaules... La partie de la che-
mise en contact avec la région, était maculée
d'un liquide purulent... » Mais la vérité scientifique a droit à bien d'autres exigences que la
femme de César. Il ne suffit pas qu'elle ne soit
pas soupçonnée, il faut qu'elle soit garantie. Or,
l'expérience n'était suffisamment concluante, ni
pour les savants de Nancy qui n'en avaient vu que
le commencement, ni pour M. Focachon lui-même,
à la surveillance duquel le sujet s'était trouvé soustrait dès le retour à Charmes. Il fut admis que
c'était à recommencer.

Une vive émotion, vers la fin d'avril 1885,
ayant déterminé un accès d'hystéro-épilepsie chez
Mlle Elisa, qui n'en avait pas eu depuis dix-huit
mois, M. Focachon en profita, sous prétexte de
consultation, pour la conduire chez M. Liébeault.
Ce projet fut mis à exécution le 12 du mois suivant. Elle croyait reprendre à quatre heures le
chemin de Charmes. A onze heures, elle est

endormie. On fixe des timbres-poste derrière son épaule gauche, en un point où il lui est impossible d'atteindre avec la main ; cette application proposée par M. Liégeois, a pour objet d'aider à la concentration de l'esprit de la somnambule sur l'idée de la vésication à produire. D'ailleurs, des timbres pareils aux précédents, appliqués pendant dix-huit heures sur le bras de quelqu'un, n'y avaient pas fait apparaître la moindre rougeur. Mais il convient de nous borner à la reproduction du procès-verbal suivant :

« Le 12 mai 1885, à onze heures du matin, M. Focachon endort Mlle Elisa en présence de MM. Beaunis, Bernheim, Liébeault et de quelques autres personnes. Pendant son sommeil, on lui applique sur l'épaule gauche, huit carrés de papier de timbres-poste gommés, en lui suggérant qu'on lui applique un vésicatoire. Le papier de timbres-poste est maintenu par quelques bandes de diachylon et par une compresse. Puis le sujet est laissé dans cet état toute la journée, après avoir été réveillé deux fois pour le repas de midi et celui du soir ; mais on la surveille et on ne la perd pas de vue. Pour la nuit, M. Focachon l'endort en lui suggérant qu'elle ne se réveillera que le lundi matin, à sept heures (ce qui eut lieu).

« Le lendemain matin, à huit heures un quart, M. Focachon enlève le pansement en présence de MM. Beaunis, Bernheim, Liégeois, Liébeault, etc.

Nous constatons d'abord que les carrés de timbre-poste n'ont pas été dérangés. Ceux-ci enlevés, le lieu de leur application présente l'aspect suivant : dans l'étendue de 0^m04 centimètres sur 0^m05, on voit l'épiderme épaissi et mortifié, d'une couleur blanc jaunâtre ; seulement l'épiderme n'est pas soulevé et ne forme pas de cloche ; il est épaissi, un peu plissé, et présente, en un mot, l'aspect et les caractères de la période qui précède immédiatement la vésication proprement dite, avec production de liquide. Cette région de la peau est entourée d'une zone de rougeur intense avec gonflement. Cette zone a environ un demi-centimètre de largeur.

« Les faits constatés, on replace une compresse sèche par-dessus pour examiner la peau un peu plus tard. Le même jour, à onze heures et demie, la peau désignée présente le même aspect que le matin[1]. »

Voici la fin telle que nous la raconta M. Liébeault :

« Quelques jours après, M. Focachon nous annonça que, lors de son retour à Charmes, vers quatre heures du soir, il avait constaté puis photographié trois ou quatre phlyctènes à la place

---

[1] Ont signé : MM. les professeurs Beaunis, Bernheim, Liégeois, les docteurs Liébeault, Simon, chef de clinique ; M. Laurent, architecte-statuaire, et Brullard, interne de la faculté.

même où nous avions aperçu le vésicatoire en voie de se former. En outre, le lendemain, toute la surface du tissu enflammé laissait échapper une sérosité épaisse et laiteuse. Nous possédons les photographies présentant les degrés de vésication du jour et du lendemain. »

Ayant obtenu de la vésication sans substance vésicante, M. Focachon fut naturellement curieux de voir si l'effet inverse lui réussirait également, c'est-à-dire, si, par suggestion toujours, il n'empêcherait pas une substance vésicante de produire de la vésication.

C'est de cette expérience[1] qu'il s'agit maintenant. Ainsi qu'on va le voir, elle a été parfaitement menée.

D'un morceau de toile épipastique d'Albespeyres il est fait trois parts. Deux seront respectivement appliquées aux bras de Mlle Elisa l'une, pour y subir, le cas échéant, l'influence de la suggestion destinée à en faire une matière inerte ; l'autre, qui ne fera l'objet d'aucune suggestion, pour produire ses effets ordinaires.

Le troisième fragment sera posé à un malade qui se trouvera en avoir besoin.

Par ces dispositions on voit que tous les termes de comparaison et moyens de contrôle, quant à

---

[1] Faite le 23 juillet 1886, en présence de MM. Liébeault, qui nous envoya le procès-verbal, Liégeois, professeur à la faculté de droit de Nancy, Fèvre ancien notaire et docteur Brullard.

là qualité de l'agent épipastique, à l'aptitude naturelle et actuelle du sujet à en ressentir l'effet, et quant au rôle enfin de la suggestion pour modifier et cette qualité et cette disposition, seront réunis.

Ainsi fut fait.

Mlle Elisa, étant endormie, un premier carré de toile vésicante de 5 centimètres de côté est placé sur la face palmaire de son avant-bras gauche, à la réunion du tiers supérieur au tiers moyen, et un second carré de 2 centimètres seulement de côté est mis à l'endroit correspondant de l'avant-bras droit. En même temps, à l'hospice civil, la dernière portion de toile était appliquée par M. le docteur Brulard sur la partie antérieure et supérieure de la poitrine d'un phtisique. Revenons à Mlle Elisa.

A peine, les emplâtres lui sont-ils posés qu'avec énergie M. Focachon fait au sujet déjà en somnambulisme cette déclaration : que le vésicatoire appliqué sur son avant-bras gauche (vésicatoire de 5 centimètres de côté) n'y produira aucun effet.

Du commencement de l'expérience — dix heures vingt-cinq minutes du matin — jusqu'à huit heures du soir, Mlle Elisa ne resta pas seule un instant.

A huit heures du soir, revenus et réunis auprès d'elle, les témoins précités, après s'être assurés,

par l'état du pansement qu'il n'a pas été dérangé, l'enlèvent et constatent alors ceci :

Avant-bras gauche (c'est celui où a été placé le
plus grand vésicatoire, dont la suggestion devait
annuler l'effet) :

La peau est intacte. Le révulsif a complètement
échoué. La suggestion a pleinement réussi.

« Seulement — lisons-nous dans le procès-
verbal — il y avait de la rougeur autour d'une
piqûre d'épingle inaperçue au moment du pansement et siégeant près d'un point de la peau qui
était occupé par le bord externe du vésicatoire. »

Avant-bras droit (c'est celui où avait été placé
le plus petit vésicatoire, lequel n'avait été l'objet
d'aucune suggestion) :

Le révulsif avait déterminé un piqueté bien
marqué de l'épiderme, et la patiente accusait
une sensation douloureuse. Si imminente paraissait la vésication que les témoins résolurent de
prolonger l'expérience et prièrent M. Focachon
de remettre les deux vésicatoires en place. Quarante-cinq minutes après, il y avait à droite deux
phlyctènes (ampoules) bien marquées, et dont
l'une ayant été percée laissa écouler de la sérosité.
(Le lendemain matin, M. Liébeault recevait de
M. Focachon, retourné à Charmes avec son sujet,
une carte postale marquant que le petit vésicatoire produisait un écoulement abondant, accompagné d'une forte inflammation.)

Quant au vésicatoire posé par **M.** le docteur Brulard au malade de l'hôpital civil, il produisit en huit heures une ampoule magnifique.

Par conséquent lorsque les signataires du procès-verbal concluent ainsi :

« De ce qui précède il résulte pour nous que par suggestion dans l'état somnambulique, on peut neutraliser les effets d'un vésicatoire cantharidien ; » leur conclusion est absolument inattaquable, car elle n'est que la formule du fait qu'il a été donné d'observer.

Revenons à la vésication par suggestion.

B. *Expériences de M. Dumontpallier.*

Informé des résultats de M. Focachon, un médecin de l'hôpital de la Pitié à Paris, entreprit de les contrôler.

Dans une première expérience, le sujet était dans la période de somnambulisme. On lui enveloppa la partie supérieure de la jambe droite d'une bande de linge sous laquelle était censément appliqué un papier vésicant qui devait avoir produit son effet le lendemain. En réalité la bande ne recouvrait que la jambe et la seule application faite était à la tête dans l'idée fallacieusement suggérée à la malade.

Tout le reste du jour et de la nuit suivante,

elle éprouva à l'endroit du vésicatoire fictif une sensation de brûlure. Cependant la bande enlevée, il n'y avait pas apparence de vésication ; mais... mais à la place où elle faisait défaut, le thermomètre constatait une élévation de 4 degrés.

Une seconde expérience eut lieu sur deux malades, l'une et l'autre dans l'état somnambulique, auxquelles on mit, toujours à l'endroit indiqué, non plus un rien, mais un morceau de papier ordinaire donné pour papier vésicant. Il fut maintenu par plusieurs tours de bandes, et une bandelette de diachylon fixa le tout. Cela fait, et la certitude acquise qu'aucune gêne n'en résultait pour la circulation, des lignes furent tracées sur l'appareil dans le but de vérifier si [rien y serait dérangé, après quoi on intima à ces malades l'ordre d'avoir, l'une à la jambe gauche, un vésicatoire, l'autre à la la droite, une brûlure ; si on l'aime mieux, la conviction leur fut inculquée qu'elles en auraient.

Au bout d'une heure, on les réveilla. Le lendemain, on les hypnotisa de nouveau pendant une heure ; le surlendemain, de même : leur renouvelant pendant le sommeil la suggestion des infaillibles effets du papier prétendu vésicant. Endormies ou éveillées, elles accusaient une sensation de brûlure comparée par l'une d'elles à celle d'un sinapisme.

En effet, glissant le thermomètre sous les pansements, on constatait pour la jambe de l'une, au bout de vingt-quatre heures, une élévation de 3 degrés, et au bout de quarante-huit heures, de 2°,4 ; et pour la jambe de l'autre, au bout de vingt-quatre heures, une élévation de 0°,3, et au bout de quarante-huit heures de 2°,8.

Une troisième série d'expériences sur les mêmes malades, expériences qui ne diffèrent des précédentes que par le dispositif, donna des résultats conformes.

De leur énoncé résulte donc que la suggestion a la puissance de déterminer une modification vaso-motrice telle, qu'une élévation de température de plusieurs degrés peut se produire en des régions délimitées à volonté. Les expériences de Nancy avaient d'ailleurs montré davantage, puisque la même cause y avait porté ses effets jusqu'à la production d'ecchymose ; mais dans un sujet aussi neuf, la confirmation même partielle des résultats obtenus a sa valeur.

C. *Expériences de MM. les Drs Bourru et Burot.*

Successivement communiquées à la société de Biologie (en juillet 1865) et à l'Association française pour l'avancement des sciences (session de 1886 tenue à Nancy) elles se placent chronologiquement après les précédentes.

Le sujet, Louis V. est un jeune homme de vingt-deux ans, engagé volontaire dans l'infanterie de marine, qu'une affection nerveuse résumant tout ce que la névropathie a de plus extraordinaire, fît envoyer d'abord en observation à l'hôpital de la marine (Rochefort), puis en traitement à l'asile de Lafont, près la Rochelle.

Il est non seulement hystéro-épileptique, mais encore hémiplégique et hémianesthésique, c'est-à-dire paralysé, à droite, de la sensibilité et du mouvement; enfin un cumulard presque aussi fort, en un tout autre genre, que feu le baron Charles Dupin, pour ne pas nommer de vivants. Mis en état de somnambulisme, le pauvre garçon qui, élevé dans l'école où le médecin occupera la place tenue jadis par le prêtre eût été guéri physiquement et fortifié moralement, accomplit avec l'effrayante précision d'un automate tous les actes qui lui sont suggérés et dont la sphère s'étend bien au delà de ce qu'on eût pu croire.

Un jour, l'ayant mis en somnambulisme : « Ce soir, lui dit un des expérimentateurs, ce soir; à quatre heures, tu te rendras dans mon cabinet, tu t'assiéras dans un fauteuil, tu te croiseras les bras et saigneras du nez. » Et à l'heure dite, dans l'endroit désigné, en présence de plusieurs témoins, la chose prescrite fut faite conformément au programme.

Une autre fois, l'ayant mis de nouveau en état

de somnambulisme — c'est chez lui une condition nécessaire — et ayant tracé son nom sur ses deux avant-bras avec l'extrémité mousse d'un stylet de trousse, on fit le commandement que voici : « Ce soir, à quatre heures, tu t'endormiras et saigneras des bras sur les lignes que je viens de tracer. » A l'heure dite, il s'endormit et à son avant-bras gauche on vit, sur le fond pâle de la peau, les caractères se dessiner en rouge vif et en relief, en même temps que des gouttelettes de sang perlaient sur plusieurs points. Trois mois plus tard, au moment où MM. Bourru et Burot communiquaient ces choses à l'Association française les caractères étaient encore visibles bien qu'ils eussent pâli. Le côté droit paralysé n'avait rien présenté.

La même épreuve, « souvent renouvelée », a toujours eu le même succès.

Exemple éclatant de l'action vaso-motrice de la suggestion attestée aujourd'hui par trop de faits pour être désormais mise en doute.

D. *Expériences de M. le Dr Mabille.*

Les précédentes avaient eu lieu à l'hôpital de Rochefort. Le malade ayant ensuite été transféré à l'asile de Lafont, près la Rochelle, M. le Dr Mabille, directeur de l'asile, s'empressa de renouveler celle dont il vient d'être question.

Il trace une lettre sur chaque avant-bras du sujet, puis, lui prenant la main gauche : « A quatre heures, tu saigneras de ce bras » ; ensuite, prenant la main droite : « et de celui-ci. »

— Je ne peux pas saigner du côté droit (fait observer le malade), c'est le côté paralysé.

En effet, à l'heure dite, le sang coula du côté gauche, à l'endroit marqué ; et rien ne se produisit à droite.

Deux jours après, en présence de quarante personnes conviées au spectacle de ces merveilles, et parmi lesquelles se trouvaient *vingt-cinq médecins* spécialement appelés à les contrôler, M. le Dr Mabille procédait ainsi :

L'homme est en somnambulisme. Avec un crayon, le médecin trace une lettre sur le poignet gauche et, d'un ton de commandement : « Tu vas saigner tout de suite du bras gauche. »

— Cela me fait grand mal, répond le patient.

— Il faut saigner quand même.

Les muscles de l'avant-bras se contractent. Le membre devient turgescent. La lettre se dessine rouge et saillante. Enfin, des gouttelettes de sang apparaissent ; elles sont constatées par tous les spectateurs. Toutefois, ce ne fut pas la lettre qui venait d'être tracée qui saigna, mais celle qui avait été dessinée l'avant-veille dans le voisinage de la précédente. « Peut-être — écrivent

MM. Bourru et Burot, la suggestion n'avait-elle pas été assez précise ; peut-être l'exécution était-elle trop rapprochée du commandement ; car c'était la première fois que la suggestion n'était pas faite pour un temps éloigné de quelques heures. »

Enfin, plus récemment, sur l'ordre à lui donné, par M. le D⸱ Mabille, de s'endormir à huit heures du soir, pour ne se réveiller que le lendemain à cinq heures du matin et d'être, pendant tout ce temps, complètement insensible, le sujet entre à l'heure prescrite dans le sommeil nerveux, passe la nuit entière en une crise de somnambulisme, au cours de laquelle sont spontanément reproduites toutes les suggestions à lui faites, tant à l'hôpital de la marine à Rochefort, d'où il vient, qu'à l'asile de Lafont (la Rochelle) où il est. Entre autres, la suggestion des stigmates renouvelle tous ses effets, c'est-à-dire que l'hémorrhagie se reproduit sur le trajet des anciennes cicatrices. « C'est, disent nos auauteurs, un cas de stigmates par auto-suggestion. » Ce n'est cependant qu'un rappel, une reproduction de phénomènes antérieurement suggérés au sujet, dans l'état où iL se trouvait replacé.

A peine ces choses étaient-elles connues, que de Nancy, par l'entremise de M. Liébeault, nous arrivait cette information : « M. Focachon a créé des stigmates vrais sur un de ses sujets, stig-

mates qui ont saigné à heures fixes, selon la suggestion qui en avait été faite. » On se rappelle
que la production de ces stigmates était le but,
des expériences instituées par M. Focachon, et
au cours desquelles nous l'avons vu obtenir des
effets réels, d'une vésication imaginaire.

E. *Nouvelles expériences de M. Focachon.*

Le sujet est une demoiselle Z..., hystéro-épileptique, âgée de trente-neuf ans. L'ayant mise en
état de somnambulisme, M. Focachon « lui sug-
gère » que, « pour la soulager et éviter chez elle
un état de congestion presque permanent des
centres nerveux », il va lui faire naître à la partie supérieure du bras gauche, une plaie de la
grandeur d'une pièce de vingt centimes qui s'ou-
vrira et se fermera comme il voudra, à son gré,
et fournira la quantité de sang qu'il aura prescrite. Ce disant, il applique au lieu indiqué une
étroite et mince lamelle de guimauve, pas plus
épaisse qu'une feuille de papier, la maintient par
une bandelette de diachylon et quelques tours de
bande, et enfin établit des points de repère des-
tinés à dénoncer les moindres dérangements de
l'appareil. Il est destiné, on s'en rend compte,
à faciliter au sujet, à rendre chez lui plus active
et plus intense la représentation mentale des effets
prescrits.

Au bout de soixante heures, les tissus étaient complètement mortifiés, et une plaie s'était produite, nettement circonscrite, entourée d'une auréole rouge et rappelant ce qu'eût pu faire un instrument perforant.

Dans une seconde expérience, la guimauve est remplacée par un petit rond de papier noir et gommé. C'est toute la différence quant au dispositif et, pour les résultats, ils sont exactement les mêmes que précédemment.

Avant de la « rendre à elle-même », c'est-à-dire de la réveiller, M. Focachon lui ayant suggéré d'abord que la plaie ne se cicatriserait que sur la permission de l'opérateur, et ensuite, qu'au premier symptôme de congestion, Z... reviendrait le voir ; elle revint, en effet, au bout de deux jours :

« A ce moment — c'est notre correspondant qui parle, — la plaie était aussi vive et aussi nette que le jour de l'expérience. Remettant Z... en somnambulisme, nous lui donnâmes l'ordre de faire cesser les phénomènes congestifs, qui la fatiguaient, et, pour y arriver, de laisser exsuder de la plaie, sans aucun autre moyen que la suggestion, une certaine quantité de sang.

« Au bout de douze à quinze minutes, nous eûmes la satisfaction de voir le sang couler goutte à goutte (trois à quatre grammes environ), puis s'arrêter rien que sur notre ordre.

« Depuis lors, la plaie sèche ou s'avive à notre gré, toujours prête. en quelque sorte à produire le phénomène demandé.

« Tels sont, dans leur simplicité, les résultats obtenus ; nous nous proposons de les renouveler à l'occasion, en prenant l'idée religieuse comme point de départ. »

C'est parce que cette idée n'avait pas sur le sujet, l'autorité nécessaire que M. Focachon avait fait jouer celle qui se trouvait bien plus en situation, de soulagement physique et de guérison. Mais son but avoué était de faire passer, si possible, le soi-disant miracle de la stigmatisation sous les fourches caudines de l'hypnotisme. On voit que les résultats sont des plus encourageants. Nous nous permettrons de conseiller à l'expérimentateur, lorsque les conditions d'une application *religieuse* pourront être réunies, de faire naître les plaies aux endroits mêmes où des grands extatiques les ont présentées : aux extrémités (clous de la croix), au flanc (coup de lance), au front (couronne d'épines); ce sera ainsi bien plus concluant. Mais en prouvant que ces phénomènes n'avaient rien de surnaturel, il démontrera leur réalité. En des genres différents, les mystiques qui y crurent et les positivistes qui les nièrent, se sont également trompés. Je le dis sans condition, pensant y être autorisé par la conformité des expériences de Charmes avec celles de l'hôpi-

tal de la marine, à la Rochelle, et de l'asile de
Lafont, près Rochefort.

§ II

La Stigmatisation mystique.

Les stigmatisées du Tyrol.

L'une des deux jeunes filles que désigne col-
lectivement cette appellation : les *stigmatisées du
Tyrol*, sous-laquelle elles devinrent, peu après
1830, et sont depuis restées si célèbres, Marie de
Mœrl, dite l'extatique de Kaldern, n'offrit rien de
particulier jusqu'à l'âge de vingt ans (1832), où
elle commença d'avoir des extases. Sur le caractère de celles-ci, voici un raccourci de ce que
Gœrres en rapporte, d'après les personnes qui
dirigeaient la conscience de cette victime du mys-
ticisme et de la superstition et d'après ses observations personnelles: « Elle est continuellement
occupée dans ses extases, à contempler la vie et
la Passion de Notre-Seigneur... L'ensemble de
l'image fixée devant son esprit, se réfléchit
clairement dans la pose et le maintien de son
corps...

« Ainsi, on la voit à Noël, bercer avec une
grande joie dans ses bras, l'enfant nouveau-né;

le jour de l'Epiphanie, elle adore à genoux, de même que les mages ; le jeudi saint, elle assiste aux noces de Cana, à table, appuyée sur le côté... Mais l'objet le plus habituel des méditations de l'extatique de Kaldern, c'est la Passion de Notre-Seigneur... L'action commence dans la matinée du vendredi... Marie de Mœrl médite la Passion en la reproduisant, ou plutôt la reproduit en la méditant, sans savoir ce qu'elle fait... Lorsque l'heure de la mort approche... la mort même ressort de tous les traits de cette femme... les soupirs s'échappant avec peine, annoncent que l'oppression augmente ; de ses yeux de plus en plus fixes et immobiles, coulent de grosses larmes qui descendent lentement sur ses joues. Des contractions nerveuses entr'ouvent insensiblement sa bouche..... La respiration se change en gémissements..... Une rougeur sombre couvre ses joues ; la langue épaissie semble collée au palais desséché..... Les ongles prennent une teinte bleue...... la poitrine semble liée par des cercles de fer ; les traits se déforment au point de devenir méconnaissables. La bouche est désormais ouverte dans toute sa largeur, le nez s'amincit et s'effile, les yeux, constamment immobiles, sont près de briser leurs orbites..... Alors le visage s'incline, et la tête, portant tous les signes de la mort, s'affaisse dans un complet épuisement : c'est une autre figure pendante, abattue sur la poitrine, et que l'on peut à peine reconnaître... »

Or, dès l'automne de la seconde année (1833), le milieu des mains de cette malheureuse jeune fille avait commencé de se creuser comme sous la pression d'un corps en demi-relief. En février 1834, ces stigmates saignèrent pour la première fois. On la vit « s'essuyer le milieu des mains avec un linge, effrayée comme un enfant du sang qu'elle y apercevait ». Il s'en ouvrit bientôt de pareils aux pieds et au côté, c'est-à-dire en des places correspondantes à celles des plaies du Christ. Les plaies des pieds et des mains à peu près rondes et d'un diamètre de trois à quatre lignes, traversaient de part en part ces extrémités. Ordinairement sèches et couvertes d'une croûte de sang desséché, les cinq plaies saignaient le jeudi soir et le vendredi, fournissant goutte à goutte un sang ordinairement clair. Le fait, tenu d'abord secret, devint public un jour qu'au passage d'une procession, la jeune fille entra en extase, debout sur son lit que ses pieds semblaient toucher à peine, et les bras en croix laissant voir les sanglants stigmates.

Sur l'autre stigmatisée du Tyrol, Domenica Lazzari, dite la patiente de Capriana, nous avons des récits non moins détaillés de témoins oculaires. L'un d'eux, M. Edmond Cazalès, fut la voir un vendredi. Couchée sur le lit de douleur, qu'elle ne quittait jamais : « Elle offrait, a-t-il écrit, comme une image vivante de Jésus crucifié. On pouvait à peine distinguer son visage, parce que, à l'exception de la bouche et du menton, il était couvert de sang à moitié séché comme d'un masque : le sang continuait à couler du front par une foule de petites blessures représentant celles de la couronne d'épines ; il se répandit sur le cou et sur des linges placés au-dessous de la tête.

« Ses mains fortement enlacées étaient appuyées sur sa poitrine ; à la partie extérieure, la seule qu'on pût voir, se trouvait une plaie large et profonde, d'où le sang se répandait sur ses bras. Ses pieds, qu'on nous permit de regarder et qui étaient posés l'un sur l'autre, présentaient une plaie semblable, plus large et plus profonde encore... Ces blessures sembaient n'avoir pu être faites qu'avec de gros clous, et elles paraissaient traverser les extrémités de part en part... A ces phénomènes se joignaient des souffrances horribles... Cependant, ce faible corps... supporte toutes les semaines ces terribles assauts : à une certaine heure, le sang s'arrête et se sèche ; les plaies se ferment toutes seules, sans aucune des circonstances qui accompagnent ordinairement la guérison d'une blessure ; les paroxysmes convulsifs diminuent de violence, et la pauvre stigmatisée rentre jusqu'au vendredi suivant dans son état ordinaire, état d'immobilité absolue et de souffrances continuelles, mais qui peuvent paraître supportables par comparaison... »

Dans le même temps, Mme Miollis, de Villecroze (Var), présenta à la fois les stigmates des cinq plaies, la couronne d'épines et *une croix de sang sur la poitrine* (M. Alfred Maury).

Les phénomènes offerts par les stigmatisés ayant été donnés pour miraculeux, furent considérés comme illusoires ou mensongers par les personnes qui, ne pouvant admettre leur surnaturalisme, ne pouvaient davantage les rattacher à aucune chose démontrée. Aujourd'hui, la suggestion hypnotique en rend la réalité aussi certaine que possible. Et, cela posé, l'opinion de ceux qui ne regardent pas comme définitivement résolue par la négative, la question des influences maternelles se trouve singulièrement fortifiée.

En effet, si, « par la seule puissance de leur imagination, deux jeunes filles sont parvenues, pour parler comme Cerise, à se transformer en images vivantes de Jésus-Christ, accomplissant, dans la Passion, son divin sacrifice ; » en d'autres termes, si elles sont parvenues à se donner les stigmates des cinq plaies et de la couronne, comment repousser *a priori* l'idée que cette même puissance, actionnée par diverses causes puisse produire des effets analogues sur le fruit pendant à cette sensitive des sensitives : la femme grosse ! Comme la remarque n'en avait pas encore été faite, nous croyons devoir y insister.

§ III

Mères et Saintes.

Depuis saint François d'Assise qui, le premier, selon la foi, *reçut* les stigmates, et suivant la physiologie *se les donna* sans le savoir en 1224, jusqu'à 1873, la liste des stigmatisés, dressée par M. le docteur Imbert-Gourbeyre, comprend cent quarante-cinq noms. Mais, outre que cette liste n'a pas la prétention d'être complète pour les siècles passés, plusieurs stigmatisées, telles que Louise Lateau, existantes au moment où elle fut publiée, n'y sont pas mentionnées.

Telle quelle, elle est très intéressante à examiner dans l'esprit du rapprochement que nous faisons entre le phénomène des stigmates et celui des *nœvi materni* ou *envies*, comprenant sous ce mot, pour abréger, tous les effets figurés attribués à l'imagination de la femme grosse.

Les stigmates et les *nœvi* sont si évidemment de la même famille, ayant comme on l'a vu une seule et même cause psychique et coïncidant ensemble en tant de points, que l'honneur d'avoir été le premier à établir ce rapprochement, n'aura pu être que le prix de la course. D'autre part, les stigmates dont la réalité ne peut plus être niée, rendent si simples les *nœvi* en faveur desquels déposent tant d'observations directes que l'obligation de tirer tout le parti possible des premiers au profit des seconds s'impose à quiconque est convaincu que la question des influences-maternelles, résolue de nos jours par la négative, a été mal jugée.

Il convient d'abord de remarquer que, sur 145 stigmatisés, on compte 125 personnes du sexe qui donne les mères.

La vie religieuse où fleurissent les stigmates est tellement contraire à la nature à laquelle est si conforme l'état de mariage où fleurissent les enfants, que les personnes propres au second mode d'existence pourraient être supposées incapables de *recevoir* les *saintes plaies;* d'où on concluait contre l'analogie de celles-ci avec les graphiques maternels (*nœvi*). C'est donc encore une remarque à faire que, sur 145 stigmatisés, on en compte 12 — dont un homme — qui vécurent dans l'état de mariage. Exemple :

Sœur Saint-Paul de Saint-Thomas avait été mariée pendant vingt-deux ans et avait eu *beaucoup* d'enfants quand tout près de la cinquantaine et devenue tertiaire de l'ordre de Saint-Dominique elle *reçut* les cinq plaies; il est dit que la nuit ses stigmates étaient lumineux. Jeanne de

Jésus-Marie, Espagnole, *reçut* les stigmates à dix-neuf ans, étant mariée, et ne devint veuve que neuf ans après. Mme Acarie (la Bienheureuse Marie de l'Incarnation) eut également les stigmates pendant qu'elle avait un mari qui lui fit *plusieurs* enfants.

Marie de Tolède, issue de la famille que le duc d'Albe devait bientôt immortaliser par ses forfaits, Marie, surnommée la pauvre, parce qu'elle se fit telle par charité, vécut pendant sept à huit ans dans le mariage. Devenue veuve, elle entra en religion; « la dernière année de sa vie elle participa, sur sa demande, aux douleurs de la passion ». Sœur Paule de Sainte-Thérèse qui prit l'habit après six ans de mariage, et la duchesse de Lorraine (Philippe de Guelde) qui, après avoir donné le jour à douze enfants, entra dans un monastère de Pont-à-Mousson, participèrent aux mêmes douleurs; — ce genre d'affection a été expérimentalement reproduit par M. le Dr Liébeault chez une de ses hypnotiques. (Voir plus loin page 197.)

Du reste on ne voit pas pourquoi les personnes propres au mariage seraient impropres à la stigmatisation, quand on sait jusqu'où des personnes propres à la stigmatisation ont porté les sentiments d'amante et d'épouse.

Les Bollandistes montrent Christine de Stumbele au sortir d'une extase où, pendant trois à quatre heures consécutives, elle était restée immobile,

raide, insensible. Cette sainte, qui eut la couronne d'épines, la sueur de sang, les cinq plaies,
compte parmi les stigmatisées les plus célèbres.
« Ce n'était pas un langage suivi — disent les
hagiographes — mais des aspirations d'amour :
O mon bien-aimé ! O mon époux ! et elle était
avec cela dans un tel état de jubilation que tout
son corps frémissait. Cet état dura une heure,
puis elle se mit à parler de choses pieuses et à
répondre aux questions qu'on lui adressait sans
faire allusion à ce qui s'était passé ; elle paraissait même embarrassée quand quelqu'un en parlait
devant elle. » La même confusion, au sortir des
mêmes transports, a été observé chez d'autres
épouses de Jésus, notamment chez Marie Alaco-
que, témoin ces lignes extraites du récit de ses
fiançailles avec le divin époux : « Après quoi, il
me fit comprendre qu'à la façon des amants les
plus passionnés, il me ferait goûter dans ces
commencements ce qu'il y avait de plus doux
dans la suavité de son amour. En effet, ses divines caresses furent si excessives qu'elles me mettaient souvent hors de moi-même et me rendaient
incapable d'agir ; ce qui me jetait dans une si
grande confusion que je n'osais paraître. »

Pour revenir aux stigmatisés, voici sainte
Claire de Monte-Falcone, à qui dans une de ses
extases la mère de Dieu présente son fils en ces
termes : « Tenez, Claire, embrassez votre époux. »

Jésus avait pris la forme d'un enfant. Claire court à lui pour l'embrasser ; « mais afin d'enflammer davantage son cœur et de lui donner un désir insatiable de sa possession, » l'époux se cache aussitôt, à l'instar de Galathée, non derrière les saules, mais sous le manteau de la belle-mère et ne reparaît plus. « Quelles furent après cela les ardeurs de cette épouse, se demande le pieux historien, et que ne fit-elle pas pour retrouver le bien-aimé dont elle avait entrevu la beauté? » Il revint sous forme d'un agneau « qui se mit entre les bras de la sainte et se coucha sur son sein... C'est à cause de ces admirables caresses qu'elle était quelquefois la nuit dans sa cellule, brillante comme un astre. » (Le P. Giry. *Vie des saints.*)

Mais il n'est si bon ménage qu'une brouille passagère ne puisse en altérer l'azur. A la longue, la division se mit dans celui-ci. L'époux délaissa l'épouse. « Plus de colloques tendres et amoureux avec le bien-aimé. » Pour fléchir la colère de cet amant irrité, elle implorait le secours des prières de toutes les personnes pieuses... elle lui faisait dire par ses confesseurs et ses directeurs qu'elle languissait d'amour. Enfin il revint à elle. « Elle fut avertie de ce retour par quelques visions et y fut disposée par des commencements de caresses, qui lui semblaient d'autant plus douces et plus charmantes qu'il y avait onze ans que les délices du ciel lui étaient entièrement inconnues. Ensuite ce ne furent qu'extases, ravissements, etc., etc... » Or, sainte Claire de Montefalcone est une étoile de stigmatisation.

On voit donc que les envies (*nœvi materni*) qui, en définitive, sont des *stigmates de mères* et les stigmates qui sont des *envies de saintes* ne diffèrent pas tant que cela l'un de l'autre : les vraies mères, tout dévouement et sacrifice, étant si véritablement saintes, et les prétendues saintes restant tellement femmes dans leurs aberrations ! Stigmates laïques, *nœvi* religieux dérivent d'un même fonds bien humain, essentiellement féminin, et des uns aux autres l'induction est légitime. Ensemble ils forment un groupe parfaitement naturel des *marques* (*stigma*) ayant même origine, même processus et même signification et qui ne diffèrent d'un sous-groupe à l'autre que par la nature des émotions dont elles sont le produit et la représentation figurée.

Disons-le maintenant : il est d'autres stigmates que ceux qui plus ou moins complètement représentent une ou plusieurs ou la totalité des cinq plaies du Christ (aux pieds, mains et côté) et la couronne d'épines.

D'abord, sur d'autres parties du corps des figures diverses formant relief en des cas très rares, figures d'une signification précise, on dit même des inscriptions, peuvent se rencontrer.

Ensuite, les stigmates peuvent être internes;

alors c'est le cœur qu'ils affectent, et ces stigmates consistent en blessures, impressions, « formations plastiques », inscriptions.

Enfin les stigmates des cinq plaies et de la couronne peuvent n'exister qu'à l'état fonctionnel, sans lésions apparentes ; et d'autres termes, plus corrects, mais moins expressifs, les douleurs corrélatives des plaies, quoique les plaies soient absentes, se font sentir aux ordinaires lieux d'élection de celles-ci.

Anna-Catherine Emmerich eut sur l'épigastre deux stigmates en forme de croix situés l'un au-dessus de l'autre. — Sainte-Catherine de Ricci eut sur les épaules la couronne d'épines et un stigmate cruciforme modelé en chair et faisant saillie. — Colomba Trocasini porta l'empreinte des liens dont le Christ avait été chargé. — Sœur Maria-Vittoria Angelini eut divers stigmates sur la poitrine et la blessure du cœur avec stigmatisation plastique. La blessure du cœur, la blessure d'amour du divin archer, suivant l'écœurante phraséologie des hagiographes, est assez connue par l'histoire que sainte Thérèse a donné de celle qu'elle reçut elle-même. Catherine Paluzzi, Lucie Gonzalès, Catherine de Saint-Pierre-Martyr, etc., en furent également favorisées.

Ils vont jusqu'à dire que, Marie-Bénigne Pèpe étant morte, « on trouva sur la région du cœur les noms de Jésus et de Marie parfaitement

formés et sur l'épaule une couronne d'épines et
une croix ; — que Claire de Monte-Falcone eut les
instruments de la passion gravés dans le cœur ; —
que sœur Saint-Paul de Saint-Thomas eut dans le
sien, comme elle l'avait prédit à son confesseur,
l'image d'un crucifix ; — que, dans celui de sainte
Véronique Giuliani qui l'avait également prédit,
« avant sa mort » (on a soin de nous en avertir),
on trouva (après sa mort sans doute) la figure
des instruments de la passion ; — que dans le
cœur de Charles de Saëta, ce fut un clou noir
formé de la substance de l'organe qu'on trouva ;
— et qu'enfin dans celui de Cecilia de Nobili il
y avait deux fouets parfaitement figurés !

Rien de plus absurde assurément.

Mais qu'y a-t-il de plus absurde que ceci :
« Ayant tracé son nom sur ses deux bras avec
l'extrémité mousse d'un stylet de trousse, on lui
fit le commandement que voici : ce soir, à quatre
heures, tu t'endormiras et tu saigneras des bras
sur les lignes que je viens de tracer. A l'heure
dite il s'endormit et, à son bras gauche, on vit
sur le fond pâle de la peau les caractères se dessiner en rouge vif et en relief, en même temps
que des gouttelettes de sang perçaient sur plusieurs points. Trois mois après, les caractères
étaient encore visibles, bien qu'ils eussent pâli. »
Les lecteurs reconnaissent l'une des expériences
faites sur le jeune L. V. et rapportées ci-dessus.

De l'ensemble de ces observations, il résulte que la force psychique actionnée par une volonté fervente, dirigée par une imagination forte ou fortement frappée, a puissance de produire en des régions nettement circonscrites du corps, des modifications vaso-motrices telles, qu'une notable élévation de température, de la douleur, des ecchymoses, une vésication complète, de l'hémorrhagie s'y produisent et que des figures déterminées en résultent, même des inscriptions, en rouge vif, en relief, durables : de véritables *taches sanguines* rigoureusement comparables aux *nœvi materni* et aux stigmates religieux.

Rapelons encore ceci : on donne ordre à Z... de laisser exsuder, par simple suggestion, d'une plaie qui lui a été donnée de même, une certaine quantité de sang : « Au bout de douze à quinze minutes, nous eûmes la satisfaction de voir le sang couler goutte à goutte (trois à quatre grammes environ), puis s'arrêter rien que sur notre ordre. Depuis lors la plaie sèche ou s'avive à notre gré, toujours prête en quelque sorte à produire le phénomène demandé » (page 171). Telles sont les principales vérités d'aujourd'hui, exclusivement faites des absurdités d'hier.

Du point de vue de ces nouveautés l'histoire des stigmatisations ne semble plus aussi nécessairement illusoire ou mensongère qu'elle le paraissait hier et aucun esprit prudent ne voudrait faire *à priori* le départ du vrai et du faux qui doivent s'y trouver mélangés. Il convient mieux d'y chercher des sujets de contrôle, car enfin les stigmatisés, par la vie à laquelle ils se condamnèrent, se trouvent avoir fait sur eux-mêmes des expériences qui ne le cèdent en cruauté à aucune de celles des physiologistes ; il ne serait donc pas impossible que leurs résultats dépassassent les nôtres obtenus à si peu de frais et qui ne sont que des prémices.

Complétons le rapprochement établi entre les stigmates et les *nœvi* en montrant combien évidemment les premiers se ramènent à la suggestion dont il n'est pas douteux que les seconds ne soient l'œuvre..... s'ils existent.

Les deux faits que voici ne sont-ils pas bien concluants ?

Angèle de la Paix, Italienne, dominicaine, avait été stigmatisée aux quatre membres dès l'âge de neuf ans, la pauvre petite, et au côté à l'âge de vingt-quatre ans. Comme cette dernière plaie toujours saignante l'épuisait, son confesseur, le père Cornélius « lui ordonna, en vertu de l'obéissance, de la fermer ». Elle se ferma immédiatement et resta fermée tant que vécut le père, c'est-à-dire pendant trois années après lesquelles elle se rouvrit. Mais, sur l'ordre du nouveau confesseur, elle sécha de nouveau. Comment ne pas voir là de véritables suggestions au sens hypnotique du mot et les effets ordinaires de celles-ci ? L'obéissance aux supérieurs étant la première des vertus dans une religion qui est un moyen de gouvernement, un écrivain pieux peut interpréter ainsi le succès qu'obtint l'injonction du confesseur : « Dieu — écrit-il — obéit à l'homme et la plaie se ferma immédiatement; » mais la chose est bien plus simple selon les idées actuelles nées d'expériences positives et contrôlées : la suggestion faite par ses confesseurs à Angèle de la Paix eut sur l'organisme de celle-ci des effets analogues à ceux des suggestions de M. Focachon à sa somnambule, dont la plaie sèche ou s'avive au gré de l'expérimentateur, toujours prête en quelque sorte à produire le phénomène demandé.

Le fait de Jeanne de Jésus-Marie, Espagnole, morte en 1650, a exactement la même portée. Stigmatisée à dix-neuf ans, elle en avait soixante-dix et était au couvent de Sainte-Claire de Burgos, quand ses supérieurs lui enjoignirent de demander à Dieu la suppression de ses stigmates. Elle pria, ils disparurent. C'est-à-dire que la suggestion les lui ôta, comme elle les lui avait donnés.

Après des exemples aussi clairs de suggestion proprement dite ou externe, les cas suivants d'auto-suggestion évidente ne présentent plus de difficultés.

Sœur Prudence Rasconi, religieuse de Saint-

Dominique, « *obtint*, lisons-nous, d'être stigmatisée au côté ». Nous savons ce que cela veut dire. Cela veut dire que sœur Prudence Rasconi, qui souhaita avec ferveur d'être stigmatisée au côté, fut servie suivant son désir, d'autant plus fidèlement qu'elle le fut par elle-même.

Sainte Catherine de Sienne, Nicolas de Ravenne, sainte Lidwine, Hollandaise, qui ne « *sollicitent* », par conséquent, ne se suggèrent que des stigmates invisibles, c'est-à-dire les douleurs des plaies sans les plaies, obtiennent tout ce qu'en réalité elles se donnent. Il est dit de la première que, au moment même où les stigmates lui furent donnés, « elle *obtint* de Dieu qu'ils restassent invisibles ». Tel paraît avoir été également le cas du second. On rapporte de la dernière « qu'elle *demanda* au Seigneur de rendre ses stigmates invisibles ». Exprimés en langage physiologique, les résultats obtenus par Catherine et par Lidwine se formulent ainsi que par un acte de volonté inconsciente travesti en acte de foi, la première a prévenu, la seconde a arrêté l'écoulement sanguin.

« Animée d'une grande dévotion aux cinq plaies du Seigneur », Mechtilde de Stanz « *sollicita vivement* de participer aux douleurs de la Passion et finit par les obtenir ». Nous avons vu que Marie de Tolède, surnommée *la Pauvre*, « participa *sur sa demande* aux douleurs de la Passion ». La bienheureuse Marie de Foligno ayant *demandé* à saint Jean et à la Vierge, mère de Dieu, la grâce de goûter soit les douleurs du Christ en croix, soit celles qu'ils ressentirent eux-mêmes pendant le crucifiement, saint Jean lui en servit de telles en une fois (*semel*, c'est elle-même qui le raconte en latin), que jamais elle n'avait rien éprouvé de pareil.

Ce sont seulement les souffrances de saint François d'Assise, le premier des stigmatisés, qui, à cause de cette ressemblance avec le Christ, faillit passer Dieu lui-même, que sollicita Apollonia Pighinesia, et qu'elle obtint, au moins à son idée ; car si sa Passion ressemble plus à celle du saint qu'à celle du Dieu, c'est ce que nous ne sommes pas en mesure de décider.

Colomba Trocasini, dont un supplice ininterrompu peut seul satisfaire la soif de souffrances, endure le martyre tous les jours de la semaine, avec recrudescence tous les vendredis.

Madeleine Caraffa, duchesse d'Andria, religieuse de Saint-Dominique, à qui il suffit de ressentir le vendredi seulement, les seules douleurs de la couronne d'épines, les « *obtient* » telles que son âme les commande à son pauvre corps.

Avec un peu plus de modération, Marie de Massa, franciscaine, avait bien avant la précédente, éprouvé l'ambition que celle-ci devait ressentir et « *obtenu* par ses prières, de souffrir

chaque vendredi une partie des douleurs que
notre Seigneur avait endurées à la tête. »

C'est toutes les douleurs de la Passion, mais
pendant une semaine sainte seulement, qu'Isa-
belle Rodriguez voulut éprouver, elles les eut
toutes et rien que dans le temps fixé, car elle
mourut le vendredi de cette semaine-là.

En résumé, ces névropathes obtiennent ce
qu'ils demandent et dans la mesure où ils le
demandent, parce que le demander avec cette
ardeur, cette persévérance et cette foi, c'est l'infliger à son corps, c'est se le donner[1].

Et cela peut se perdre, commme cela peut
s'obtenir, par l'effet d'un ferme désir.

La vénérable Gertrude de Oosten, qui avait
reçu les stigmates un vendredi saint ; la bienheureuse Claire de Bugny, dont la stigmatisation
était complète ; Jean de la Croix, dont les stigmates se reformaient les vendredi et samedi de
chaque semaine jusqu'à l'Ascension ; Lucie de
Narni, chez qui les cinq plaies étaient visibles
depuis sept années ; Catherine de Racconigi et

---

[1] Dans un travail intitulé *Physiologie sacrée*, consacré pour
une part à la stigmatisation, et qui a paru dans le *Rappel*
des 18 et 21 août 1877, nous disions : « Chose intéressante
pour la physiologie et que l'histoire de ces névropathes met
en lumière : ceux et celles qui demandent avec ferveur, avec
persévérance, ces lésions : les stigmatés, les obtiennent ; ce
qu'on est libre de traduire ainsi : ceux qui dans de certaines
conditions, savent les vouloir, les produisent. »

sœur Dominique de Paradis, qui eurent les cinq
plaies et la couronne ; Marie-Françoise, des cinq
plaies, dont le surnom diagnostique le cas pathologique ; Rita de Cassie, qui n'était stigmatisée
qu'à la tête ; Charles de Saëta, qui ne l'était qu'au
côté gauche, demandèrent au Ciel par d'instantes
prières, d'être délivrés de ces marques d'élection,
et il leur fut fait selon leurs prières, qu'ils
exaucèrent eux-mêmes, celles-ci n'étant au fond
que sommation faite au corps par l'âme, en plein
exercice et dans la limite de ses pouvoirs sur lui.
Ils se les ôtèrent comme ils se les étaient données. C'est encore de l'auto-suggestion toute
pure, défaisant ici ce que nous lui avons vu
faire ailleurs, réparant la lésion qu'elle avait cau-
sée.

Chez la vénérable Gertrude de Oosten, les cicatrices restèrent, mais l'écoulement fut supprimé.
Il était, en effet, plus aisé d'arrêter le sang que
de faire disparaître les cicatrices ; plus aisé s'entend pour un pouvoir naturel, comme est celui
de l'âme. Lucie de Narni, délivrée des plaies des
pieds et des mains, garda celle du côté. Peut-être
n'avaient-elles demandé rien de plus, car leurs
prières, ordinairement dictées par l'humilité, ne
tendaient qu'à la suppression de ce qui arrêtait
les regards. C'est ainsi que Catherine de Racconigi demanda seulement ceci : que les stigmates
des mains devinssent invisibles, ce qui arriva.

Chez sœur Dominique du Paradis, les stigmates ne disparurent qu'à la longue et ne cessèrent entièrement que lorsqu'elle eut quarante-quatre ans, le tout conformément à ses désirs. Ceux de Marie-Françoise des cinq-plaies ne se firent pas moins obéir; d'abord, « elle obtint que, sauf aux vendredis de mars, ses stigmates disparussent en partie »; ensuite, « sur ses instantes prières », ils disparurent tout à fait, après avoir duré vingt-sept ans. Il est intéressant, au point de vue physiologique, de noter que Jean de la Croix eut, à la place des cinq plaies supprimées sur sa commande, la couronne d'épines. L'instance des prières de Charles de Saeta, pour être affranchi de sa plaie, est notée; c'est accuser l'intensité d'action (inconsciente) de sa volonté.

Ajoutons le rôle de l'hallucination à laquelle s'applique tout ce qui a été dit de la puissance suggestive du rêve et qui n'est, en effet, que le rêve à l'état de veille, et l'assimilation entre les deux ordres de phénomènes rapprochés l'un de l'autre sera complète.

Philippe de Aqueriis, né à Aix, en Provence, était parent de saint Elzéar et de sainte Delphine. Il eut un jour la vision de Jésus crucifié. Pareils à des flèches, cinq rayons sanglants s'élançaient des plaies divines vers les parties correspondantes de son pauvre corps. A partir de ce jour, il éprouva les douleurs de la Passion.

Jeanne de Verceil fut stigmatisée de la même manière, dans une vision du Christ et au moyen des cinq jets de sang qui lui percèrent le côté gauche et les extrémités.

De même d'Anne de Vargis, avec cette variante que Jésus, au lieu d'être sur la croix, la portait à la main, ou du moins un crucifix dont les rayons s'élançaient.

Marie de Sarmiento ne fut stigmatisée que par un séraphin, et c'est le cas de plusieurs autres; mais c'est toujours de l'hallucination.

Jacques-Etienne priait devant le tabernacle, un rayon en sort et vient le frapper au cœur. Il en tombe à la renverse. Quand on le releva, il était marqué.

Dorothea Visser, Hollandaise, née en 1820, était encore une toute jeune fille, quand un enfant lui apparut. Cet enfant lui annonça que des phénomènes extraordinaires se produiraient un jour en elle. En effet, vers l'âge de vingt-trois ans, elle eut la couronne d'épines, puis des stigmates en forme de croix aux mains, aux pieds et à la poitrine. Outre que c'est de l'hallucination suggestive, c'est de la suggestion à longue échéance.

§ IV

Autour des Stigmates.

Un homme — raconte Burdach en son *Traité de physiologie*, — rêva qu'il recevait un coup violent. Au réveil, une tache bleue existait à la place même où le coup fictif avait censément porté.

Une femme de la clientèle de M. le Dr Liébeault, rêva que le tonnerre tombait près d'elle. Elle se réveilla sourde. Rien n'y fit, aucun médicament. L'ouïe cependant revint, mais à la longue, et peu à peu, « à mesure, dit le médecin, que l'effet suggestif de son rêve disparut ». Notons que cette femme avait grand'peur du tonnerre.

Une femme rêve que sa vue est devenue confuse ; elle ne voit plus, dans son rêve, que comme à travers un brouillard. Au réveil, elle est atteinte d'amblyopie (affaiblissement de la vue).

De même, Cornelius Rufin ayant rêvé qu'il avait perdu la vue, s'était réveillé amaurotique (cécité ayant pour cause la paralysie du nerf optique ou de la rétine).

Conrad Gessner, célèbre naturaliste du xvie siècle,

le *Pline de l'Allemagne*, comme on l'a surnommé, rêva qu'il était mordu par un serpent.
Peu de temps après, à la place même de cette
morsure fictive, se déclara un anthrax dont il
mourut.

Pareillement, M. Macario ayant rêvé qu'il avait
un violent mal de gorge, quelques heures après
son réveil, fut atteint d'amygdalite.

Généralisant à bon droit: « On voit, — écrit
M. le Dr Charpignon — certains individus
conserver, au sortir du sommeil, la douleur et la
marque d'une blessure qu'ils ont cru recevoir. »
(*Etudes sur la médecine animique.*)

Cependant, il y aurait lieu d'examiner dans
chaque cas particulier, car la question ne comporte pas de solution absolue, lequel est cause,
lequel est effet de la maladie ou du rêve. Ainsi,
il se peut que le rêve de Gessner lui ait été suggéré par la première atteinte d'un mal jusqu'alors
latent, et l'on voit ici clairement grâce à la
lumière de l'hypnotisme que tous les rêves ne
sont pas nécessairement dépourvus de la valeur
que l'antiquité accordait à certains d'entre eux.
Mais il n'y a pas de doute sur l'antériorité du
rêve dans le cas suivant, présenté par une des
somnambules de M. Liébeault, à laquelle celui-ci
suggéra pendant le sommeil, pour les lui laisser
au réveil, « les douleurs de la stigmatisation à
l'endroit des cinq plaies du Christ, douleurs qui

se conservèrent comme chez les stigmatisées sans stigmates, et aussi longtemps que nous le voulûmes. »

On connaît cette malheureuse femme Félida, dont la vie se partage en périodes alternées d'état normal et d'état somnambulique, et qui a été observée avec tant de persévérance et de pénétration par M. le professeur Azam (de Bordeaux). Donnant en 1877, des nouvelles de cet étonnant sujet, M. Azam racontait l'avoir interrogé sur un point dont il avait jusqu'alors négligé de s'informer, sur son sommeil. Ce sommeil est toujours tourmenté par des rêves et des cauchemars. Elle se voit, ou chargée de chaînes, ou liée avec des cordes ; c'est l'effet de ses douleurs musculaires. Souvent encore, elle se croit aux abattoirs, ou bien elle est témoin de scènes d'assassinat, qui ne sont rien autre chose non plus que ses propres sensations transformées, car, à ce moment, on voit du sang provenant de la muqueuse de l'estomac ou de celle de l'œsophage, s'écouler lentement de sa bouche. Une fois, pendant la nuit, sans blessure aucune, par exsudation, la partie postérieure de la tête donna une notable quantité de sang.

Elle a des saignements de nez du côté gauche. Spontanément (ceci à l'état de veille), tout un côté de sa face rougit et, sur les membres, du même côté, paraissent des points rouges, donnant une vive sensation de chaleur, presque de brû-

lure, et s'accompagnant parfois d'un gonflement
si marqué, qu'un jour, le gant qui recouvrait la
main gauche en craqua. Car c'est principalement
au côté gauche que se produisent les accidents, ce
qui est de règle chez les hystériques. (Félida est très
souvent sourde de l'oreille gauche. Ajoutons que
l'odorat et le goût sont presque nuls à gauche.)

Le cas de Félida n'infirme donc pas cette
théorie de M. Azam, que les phénomènes de
nature hystérique sont dans l'étroite dépendance
de la circulation capillaire. « Que sont, en effet,
ces hémorrhagies, ces gonflements ? demande-t-il.
Ce sont des états passifs, les effets d'une paralysie
momentanée des tuniques des capillaires. Ceux-ci
se laissant distendre outre mesure par l'impulsion
du cœur, le sang transsude au travers de leurs parois ;
par suite, il suinte des muqueuses et rougit ou
gonfle les parties du corps recouvertes de peau. »

Nous faisions cependant observer : « que c'est
l'inverse, c'est-à-dire l'arrêt de la circulation
capillaire qu'on observe dans l'hémianesthésie hystérique. On sait qu'alors les piqûres faites à la
peau ne donnent pas plus de sang qu'elles ne
causent de douleur. Et c'est certainement un
spectacle émouvant quand, dans les expériences
de Burq, on voit, après quelques minutes d'une
application métallique, la piqûre qui était restée
sèche et incolore, rougir, s'humecter et saigner, en
même temps que la sensibilité se rétablit.

« Quant à la rubéfaction, ajoutions-nous, et au gonflement de certaines parties du corps, et à la transpiration sanguiné, observés chez Félida, le lien de ces phénomènes, avec ceux qui se produisent chez les *stigmatisées*, est évident pour qui connaît l'histoire de ces dernières. Ce sont produits variés d'une même fabrique : la maladie. »

Revenant sur ces phénomènes dans son livre récent [1], M. Azam y fait remarquer que si la transpiration sanguine dont chez Félida, les muqueuses sont fréquemment le siège, ne s'est produite à la peau que dans le cas précité, « reproduisant, sans le moindre miracle, les stigmates saignants dont les ignorants font tant de bruit », cela tient à la solidité du tégument externe. Tout autre, ainsi qu'on va le voir est celui-ci, chez une personne présentée en 1879 à la Société médicale des hôpitaux, par M. Dujardin-Beaumetz, qui l'a désignée sous ce nom : *la femme autographique.*

Vingt-huit ans, une anesthésie générale, des phénomènes cataleptiques très marqués ; ce n'est encore rien, voici le neuf, l'étrange :

Toute sa peau, cette peau partout insensible, est comme une page blanche sur laquelle, au seul contact du doigt, s'imprime en rouge, en relief, ce qu'on fait le geste d'y dessiner. Quel chapitre nouveau en de certaines mains, elle eût pu four-

---

[1] *Hypnotisme, double conscience, et altérations de la personnalité*, 1887.

nir à l'art de cultiver le miracle et de s'en faire
des rentes. Le chapitre eût-il été aussi nouveau
que cela ?

D'abord, en tous les points touchés et uniquement en ces points, apparaît de la rougeur ; puis
on voit se produire une élevure de la peau qui
s'accuse de plus en plus. En quelques minutes, le
dessin ou les lettres sont très nets, également
reconnaissables à l'œil et au toucher. Le tout
s'accompagne d'un notable accroissement de température. C'est donc un véritable urticaire, mais
limité aux points touchés. Cela dure de quatre à
cinq heures, après lesquelles les ampoules, de
plus en plus élargies, disparaissent.

Un seul fait analogue paraît avoir été observé
en France et par M. Vulpian, sur un homme ;
encore n'a-t-il pas été publié.

M. Dujardin-Beaumetz terminait sa présentation
en rapprochant le cas de la femme autographique
de celui de certaines stigmatisées « sur la peau
desquelles on a vu se dessiner des objets de la
Passion ». — « Il est certain, disions-nous à ce
sujet, que rien ne serait plus aisé que de déterminer aux mains, au côté et à la tête de cette
singulière femme, de rouges ampoules, figuratives
des clous, de la lance et de la couronne d'épines.
Et nous entrevoyons la quantité de supercherie
qui doit se mêler à une quantité donnée d'igno-

rance ponr faire d'un phénomène extraordinaire un miracle toujours disponible [1]. »

Un fait encore. Quoique née à Paris, qu'elle n'avait même jamais quitté, une jeune fille de quinze ans, présenta en 1879 à M. Bouchut l'exemple d'une maladie presque exclusivement tropicale : la chylurie. On l'en guérit en quelques semaines, mais alors, ce furent des accès de somnambulisme diurne, durant de cinq à sept heures et : dédoublement de la personnalité, double conscience, ou dualité du moi, comme on voudra nommer cet étonnant phénomène, le médecin en eut le spectacle devant les yeux pendant deux mois. Puis, autre prodige : vingt-quatre jours durant, cessation absolue des évacuations alvines, et urinaires, mais vomissements très abondants de matières aqueuses.

Enfin, un peu plus tard, dernière merveille rappelant, disions-nous, les stigmates hémorrhagiques de prétendus saints qui furent de vrais névropathes : par le bout du sein gauche, il y eut un écoulement de sang, écoulement périodique et assez abondant, qui malgré sa périodicité, ne suppléait point, comme on pourrait le croire, à quelque fonction absente. Rien de pareil dans le sein droit.

<hr>

[1] *Rappel* du 19 juillet 1879.

§ V .

Dernier mot sur le nœvi.

Parlant des *nœvi* ou envies : « Ces taches sont comme les nues, a dit Charles Bonnet ; on y trouve tout ce qu'on cherche. » Mais parce que les bonnes gens y trouvent si aisément ce qui n'y est pas, est-une raison pour que les savants refusent de voir ce qui pourrait y être ? L'observation de Bonnet, vraie en gros, ne dispense donc pas d'étudier les faits qui se présentent.

Une ressemblance, même exacte, ne prouve rien, dit-on encore : le *Journal des savants,* de février 1677, n'a-t-il pas décrit en détail un navet représentant à la perfection « une femme nue, assise sur ses pieds et croisant les bras au-dessous de la poitrine » ? Mais de ce que la ressemblance, même exacte, d'une tache dite envie, avec un objet déterminé, n'autorise point à établir entre les deux une relation de cause à effet, résulte-t-il que pareille relation ne puisse jamais exister ? Evidemment non. Qu'y a-t-il donc à faire ? Toujours la même chose : étudier les cas qui peuvent se présenter.

A plus forte raison, — ajoute-t-on, — la préten- due ressemblance entre certaines monstruosités humaines et certaines formes animales, ne prouve-t-elle rien. — Mais parce que cette portière de l'histoire naturelle, Pline a raconté qu'une dame romaine avait mis au monde un éléphant ; parce que le Saint-Office a fait brûler un chat noir, comme né d'une femme et du diable ; parce qu'Ambroise Paré parle d'un cochon napolitain qui aurait eu une tête d'homme.; parce que l'imposture d'une nommée Godalmine, qui prétendait avoir fait un lapin, fut dûment constatée ; en quoi, le commérage du premier, la barbare sottise du second, la naïveté du troisième, et le « lapin posé » par la dernière, prouvent-ils qu'une émotion violente éprouvée par une femme grosse, ne peut causer de troubles organiques chez l'être enveloppé dans son sein ?

« Ce qui prouve, dit-on, que l'imagination de la mère n'est pour rien dans la production des difformités fœtales et dans celle des taches de la peau, c'est que d'une part on observe des anomalies analogues chez les plantes et chez les animaux... » — Depuis quand les effets analogues ne sauraient-ils être produits par des causes différentes ?

« ... C'est d'autre part, continue-t-on que le nombre des enfants qui naissent avec des *signes* ou des vices de conformation, est relativement. très restreint, par rapport à celui des femmes qui, pendant leur grossesse, ont eut des peurs, des *envies* ou des *regards*. » — Depuis quand, tous les degrés d'une même cause doivent-ils avoir sur tout le monde et dans toutes les circonstances, des effets identiques ?

« ... En outre, il est des femmes qui donnent le jour à des monstres, sans avoir éprouvé aucune impression fâcheuse... » — Mais pourquoi une impression fâcheuse ne pourrait-elle être cause d'une monstruosité qu'à la condition d'être l'unique cause de toutes les monstruosités ?

« ... Et d'autres qui accouchent d'un enfant bien conformé, après avoir été bouleversées par une révolution ? » — Pourquoi alors permet-on à personne de se fracturer une jambe en marchant, quand tant de personnes tombent même de haut sans se rien casser du tout ?

« Malebranche fait mention d'une femme qui, ayant assisté au supplice de la roue, fut tellement affectée de ce spectacle, qu'elle mit au monde un enfant dont les membres étaient rompus aux endroits où le bourreau avait frappé le condamné. Or, Chaussier a constaté jusqu'à cent treize fractures sur le corps d'un nouveau-né dont la mère n'avait vu rompre les os à personne. » Mais, pour quelle raison logique, évidente, *a priori*, ces deux faits devraient-ils nécessairement recevoir la même explication ?

Une femme enceinte, jouant aux cartes, se trouva avoir en main toutes celles qu'il fallait pour faire un grand coup, toutes moins une, mais la distribution n'était pas terminée. Quelle serait la dernière carte ? Ce fut celle qu'elle attendait ! Elle en eut une joie immodérée. Or l'enfant naquit avec une prunelle en forme d'as de pique. « Cette anomalie résultait tout simplement, objecte-t-on, d'un arrêt de développement de l'iris. » Fort bien, mais le *coloboma*, comme on nomme cet arrêt de développement, d'où résultait-il lui-même ?

« Nous avons vu à Ermont, raconte M. Witkowski, un enfant qui naquit avec un bec de lièvre et une oreille toute recoquillée, que la mère attribuait à la vive impression ressentie vers le quatrième mois de sa grossesse à la vue d'un jeune lapin dont un chat avait dévoré l'oreille ; mais le bec-de-lièvre ne peut se former que dans les trois premières semaines de la vie utérine. » Et voilà de la bonne critique, faite sur mesure et qui va bien.

Mais quand on a cité nombre de faits du genre de ceux-ci :

Une femme enceinte de deux mois fut épouvantée de l'accident arrivé en sa présence à un jeune homme, qui dut subir l'amputation de l'avant-bras ; elle mit au monde un enfant auquel manquait un avant-bras (observation du Dr Trépant, de Nesle) ; — une princesse étant enceinte, fut saisie d'effroi en voyant abattre d'un coup de sabre la main d'un homme ; elle accoucha d'un manchot (fait cité par Gaharliep) ; — une femme de vingt-quatre ans, mère de deux enfants bien conformés, éprouva, étant enceinte, un sentiment d'horreur à la vue d'un chat hydrocéphale ; elle accoucha huit mois après d'un enfant hydrocéphale (*Journal de médecine et de chirurgie pratiques*) ; — une femme enceinte de deux mois se trouva sur le passage d'un condamné à mort, qui présentait cette singularité d'avoir la tête inclinée à droite ; sept mois après, elle donna le jour à une fille qui avait la tête inclinée à droite (*ibid*)...

Quand on a cité de tels faits, conclure ainsi : « Nous pourrions multiplier à l'infini les exemples de ce genre ; mais quel que soit leur nombre, nous devons les considérer comme autant de coïncidences curieuses, dont le véritable caractère a été méconnu..... » ; n'est-ce pas prouver que les savants ont leurs préjugés comme les ignorants, qu'ils peuvent être dupes de leur manque d'imagination comme le vulgaire de l'excès de la sienne, que leur logique a des défaillances comme celle de tout le monde, et qu'enfin la science a quelquefois besoin d'être protégée contre ceux qui la font ?

« Enfin, dit-on, si les désirs avaient une influence certaine sur le produit de la conception... » Mais parmi ceux qui ont admis sa réalité, quelqu'un l'a-t-il jamais regardée comme uniforme et constante ? On ajoute qu'alors la laideur et la bêtise disparaîtraient de ce monde. Cette perspective ne nous effraye nullement. Supposant réelle l'influence dont il s'agit, peut-être en effet, lorsqu'on en aura étudié les conditions, arrivera-t-on à s'en rendre maître, à la faire jouer, à en tirer les résultats dont cette citation a tout l'air de nous menacer. Pourquoi non ? Ainsi soit-il !

Isidore-Geoffroy Saint-Hilaire, après avoir expliqué le sens du mot envie, *nœvus :* « Je me borne à indiquer cette origine étymologique, — disait-il, — sans rechercher jusqu'à quel point la raison permet d'admettre qu'un objet vu avec effroi ou désir par une femme enceinte, puisse venir se peindre sur le corps de son enfant. » Mais il y a cinquante années qu'Isidore-Geoffroy écrivait cela ; si ce n'était pas un esprit hardi, c'était un esprit sagace et sincère : il ne l'écrirait plus après ce qu'ont commencé à nous apprendre sur les effets physiologiques de la force psychique, tant de récentes expériences.

DEUXIÈME PARTIE

DE LA FABRIQUE DES CORPS

§ I

Pour faire de bonnes dents à nos enfants.

Pour remédier à la dégénérescence de nos dents, le *Dental cosmos* conseille aux femmes grosses.....

Mais d'abord, est-il vrai que nous soyons en pleine décadence dentaire ? Le journal qui répond au titre ambitieux qu'on vient de lire, n'en doute pas. D'après lui, la forme des dents, leur composition, leur texture, tout fléchit, tout cède, se dégrade, s'en va. Il affirme que cela est connu de tous les dentistes. Tous les dentistes qui, dans un certain nombre de familles, ont eu à traiter plusieurs générations savent que, de la plus ancienne à la plus récente, la détérioration est continue.

Les enfants ont de moins bonnes dents que leurs parents. Voilà la règle, d'après ce journal exotique, bien entendu ; il faut dire cependant que je ne connais son article que de seconde main, par l'*Art dentaire* qui, l'insérant sans mot dire, a bien l'air d'y consentir. Bien plus, les malades eux-mêmes, à ce qu'il paraît, témoignent de cette dégradation : « Comment se fait-il que mes dents soient si mauvaises ? Je me rappelle mon grand-père, me dit l'un, ma grand'mère, me dit l'autre, qui mourut à soixante-dix ans avec toutes ses dents, etc., etc.; » c'est un spécimen des discours qu'à chaque instant, d'après la feuille d'outre-Manche, les clients des dentistes tiennent à ces messieurs.

Cela posé, il est à craindre que, si on n'y met obstacle, la génération prochaine ait des dents encore plus mauvaises que les nôtres. Et c'est justement pour susciter cet obstacle, que le *Dental Cosmos* conseille aux femmes grosses... de manger de l'avoine.

Pourquoi cette graminée plutôt que le gazon des prairies ?

Parce qu'en Ecosse, les classes laborieuses qui font, sous une forme ou sous une autre, un très large usage de l'aliment équestre précité, jouissent de râteliers modèles, tandis que les classes non laborieuses du même pays, dont la nourriture est toute pédestre, n'ont dans la bouche que de la camelote. Et, la preuve que les dents saines et vigoureuses qui meublent les mâchoires ordinairement bien développées des classes laborieuses, sont dues au régime alimentaire et non à la race, et que la farine d'avoine est vraiment la santé des dents et des os, c'est que quelques familles anglaises fixées depuis longtemps en Ecosse, où elles vivent de la vie des petites gens, y sont devenues aussi écossaises et aussi peuple que pas une par les mâchoires.

C'est à la lumière de cette observation que l'auteur a trouvé ce qu'il propose pour améliorer les dents de la génération prochaine, et voici comment il en justifie le mode d'administration :

« L'avantage à retirer d'une alimentation saine après la naissance, est relativement faible, écrit-il, puisque alors les dents sont dans un état de développement déjà assez avancé. Il nous faut donc fonder nos espérances sur le régime de la mère pendant la grossesse ; et notre devoir est de lui prescrire alors une alimentation capable de fournir les sels calcaires nécessaires au système osseux de son enfant. L'usage du pain de gruau substitué au pain de farine de blé, est un moyen bien simple d'obtenir le résultat voulu. Les gâteaux d'avoine et la soupe à la farine d'avoine, permettront de varier la nourriture. »

Un Allemand, le Dr Kulp, recommande

dans le même but, l'usage du blé noir. Blé noir ou galette d'avoine, cela revient au même, l'un et l'autre étant également riches en matières terreuses, c'est-à-dire en sels calcaires.

Les observations de M. Kulp sont nombreuses. Il cite, entre autres, dans sa clientèle, une famille de huit personnes, toutes de bonne constitution, mais de très pauvre denture. De bonne heure, la carie se montrait chez les enfants, et dès lors marchait rapidement. Il prescrivit le pain noir et autres aliments contenant du phosphate de chaux. Prompte et bien marquée, fut l'amélioration des dents arrêtées sur la pente de la destruction.

Il cite sa propre femme dont les dents, peu après son mariage, s'altérèrent et devinrent très sensibles. En deux années, un changement d'alimentation leur rendit la santé première.

Les observations de M. Kulp, sont donc confirmatives de celles du *Dental-Cosmos*.

§ II

Vaccinée avant la naissance.

Une jeune femme enceinte de six mois, désira se soumettre à la revaccination, qui réussit à merveille. Trois mois après, elle mit au monde une petite fille parfaitement constituée.

Comme la variole sévissait dans le pays, le médecin crut devoir vacciner la petite ; mais, bien qu'employant un vaccin tout frais et qui avait parfaitement réussi sur d'autres sujets, il n'obtint pas la moindre irritation locale. L'opération répétée un mois plus tard, avec du vaccin pris sur un bel enfant qui portait trois magnifiques pustules à chaque bras, n'eut pas plus de succès que la première.

En réfléchissant aux causes de ce double échec, le médecin se rappela l'opération faite sur la mère au sixième mois de la grossesse, et la pensée lui vint que l'enfant n'était réfractaire à l'action du vaccin que parce qu'elle avait été véritablement vaccinée dans le sein maternel.

Voulant autant que possible vérifier cette supposition, il fit un troisième essai avec un vaccin expérimenté en même temps sur d'autres sujets. La petite avait alors quatre mois et demi.

Or, tous les autres donnèrent les résultats les plus satisfaisants ; elle seule ne présenta rien : pas la moindre pustule, n'éprouva rien : pas la moindre trace d'agitation. Cette fois, il se croit en droit de conclure que l'enfant en question a en effet subi, trois mois avant sa naissance, une vaccination véritable, qui, ayant eu lieu sans pustules, n'a point laissé de traces apparentes. La conclusion nous paraît très vraisemblable ; mais sans doute on ne l'estimera tout à fait certaine, que lorsqu'elle s'appuiera sur un nombre suffisant d'expériences conformes à la précédente.

Cette observation a été faite sur le propre enfant de son auteur.

Voici quelques faits du même ordre.

Une femme de trente-trois ans, enceinte de cinq mois, se présente, en travail de fausse couche, à la clinique. Quoique vaccinée, elle avait été prise, trois mois auparavant, d'une variole dont il ne lui restait pas de trace. Mais il arriva que le fœtus eut sur diverses parties du corps, des pustules varioliques parfaitement caractérisées. (Observation de Depaul.)

Une femme, également enceinte de cinq mois, se trouve en contact avec une personne atteinte de variole, et ne contracta pas la maladie, — elle avait été vaccinée dans son enfance, — mais ayant fait une fausse couche, le fœtus porta plus de quatre-vingts pustules sur la peau et par tout le tube digestif. La mère, personnellement exempte, n'avait donc été que le canal par lequel le virus variolique était allé de sa compagne à son enfant. (Observation de M. Blot.)

Une femme accoucha à sept mois d'un fœtus mort-né, présentant tous les signes d'une éruption variolique. Cette femme s'était, en effet, trouvée dans un milieu où la variole sévissait, mais échappée pour son compte à la contagion, elle lui avait, elle aussi, servi de véhicule à l'égard de son enfant. (Observation de M. Devilliers.)

§ III.

Sera-ce un garçon ou une fille ?

Cette intéressante question qui semblait, comme celle du temps à venir, ne pouvoir être résolue qu'après coup et par l'événement même, paraît prendre une physionomie plus satisfaisante et devenir susceptible d'une solution *a priori*. Voici comment :

Tout le monde sait que l'auscultation au moyen du stéthoscope inventé par l'illustre Laennec, qui est une des gloires de notre siècle et de la France, constitue l'une des principales méthodes de diagnostic médical. En 1848, un célèbre chirurgien de Genève, Mayor, eut l'idée de l'appliquer au diagnostic de la grossesse, et on s'en est servi non seulement pour s'assurer de l'existence de celle-ci, mais aussi pour déterminer la position et la condition de l'enfant, pour reconnaître à l'avance si la grossesse est simple ou multiple, etc... C'est le même moyen qui est proposé pour diagnostiquer le sexe du fœtus.

L'initiateur dans ce nouvel ordre d'applications

est Frankenhauser, d'après qui le cœur du fœtus féminin (les mémoires disent cœur femelle, expression par trop zoologique) bat plus vite que le cœur du fœtus masculin, ce qui revient à dire qu'il entre plus de cœur dans la composition de la femme que dans celle de l'homme, chose soupçonnée depuis longtemps. Ce caractère différentiel une fois acquis, le problème de la pronostication du sexe n'est plus en principe qu'une affaire d'auscultation : à tant de battements par minute, c'est une fille ; à tant en moins, c'est un garçon. Ainsi l'a entendu Frankenhauser, qui se vante d'avoir, dans cinquante cas, déterminé cinquante fois avec exactitude le sexe des futurs nouveau-nés.

Cette découverte, n'eût-elle eu qu'un intérêt de curiosité, n'était pas de nature à passer inaperçue, et l'on peut citer une dizaine de médecins qui, dans les deux mondes, ont entrepris de la contrôler. Nombre de faits et de tableaux statistiques les uns pour, les autres contre, ont vu le jour. Tout le monde, il est vrai, s'accorde à reconnaître la vérité du principe, savoir que le nombre des pulsations n'est pas le même dans les deux sexes, et Steinbach, qui a fait sur ce sujet les recherches les plus consciencieuses, fixe la moyenne de ces pulsations à 144 par minute, pour les filles, et à 131 pour les garçons ; mais cette donnée n'est pas d'un emploi aussi facile qu'on pourrait le croire.

Outre que l'auscultation est toujours chose délicate où l'exactitude ne s'obtient qu'au prix d'une grande attention et de beaucoup d'habitude, l'irrégularité des battements du cœur chez le fœtus rend le diagnostic dont il s'agit spécialement difficile. En effet, le nombre des battements variant d'un individu à l'autre, chez les garçons de 124 à 147, et chez les filles de 135 à 154, on voit que plusieurs nombres sont communs aux deux sexes, et lorsque par exemple on se trouve en présence d'une moyenne de 140 battements par minute, il est impossible, dans l'état de la question, de savoir si on a affaire à un garçon ou à une fille.

C'est ainsi que Steinbach déclare que, sur 57 cas, il lui est arrivé 10 fois de se tromper et 2 fois de ne pouvoir se prononcer. Le diagnostic n'est certain qu'au-dessous de 135 battements : alors la petite créature crèvera des tambours ; et au-dessus de 147 : alors elle dorlotera des poupées. C'est donc une découverte à compléter. Notons que l'ignorance, qui a toujours cru à la possibilité de ce progrès, était mieux inspirée que le savoir qui accueillait cette croyance avec dédain.

Deux auteurs qui se sont occupés de ce sujet en Angleterre, M. le Dr Munro, aux Etats-Unis, M. le Dr Hutton, assurent avoir toujours rencontré juste. Sur sept cas, le dernier compterait sept succès. Son travail a paru dans le *New-York médical journal.*

Récemment M. J. Bidart (de Santiago), ayant donné comme résultat de ses observations la règle suivante qui ne diffère que peu de ce qui précède : au-dessous de 135 pulsations cardiaques, c'est un garçon, au-dessus de 145 c'est une fille, entre les deux, le sexe reste douteux ; M. S. Blach de l'île de Man, a fait observer que cette règle, applicable au Chili, ne le serait pas en Angleterre, les mouvements cardiaques étant (selon lui), sensiblement plus rapides chez le fœtus de race chilienne que chez celui de race anglaise ou scandinave. Voici, pour ce dernier cas, sur quels chiffres pourrait s'établir le diagnostic : au-dessous de 130 pulsations, garçon ; au-dessus de 140, fille.

Par malheur, la question se complique des dimensions du fœtus : ainsi, un garçon faible aura 137 pulsations, tandis qu'une fille forte n'en aura que 133.

Ces recherches n'intéressent pas que la curiosité humaine. Faites attention à ces chiffres singuliers : sur 260 enfants qui meurent pendant l'accouchement, il y en a 160 du sexe masculin, et la grande majorité des mères qui meurent en couches donnent naissance à des garçons. Si on connaissait à l'avance le sexe de l'enfant, on réussirait probablement à modifier ce cruel état de choses. « Si le sexe est déterminé, écrit le docteur Munro, on devra chercher quelque moyen d'avancer l'accouchement pour sauver à la fois l'enfant et la mère. »

M. le Dr Liébeault s'est demandé si dans le sommeil magnétique une femme pourrait connaître le sexe de l'enfant qu'elle porte. Trois somnambules enceintes qu'il endormit souvent lui donnèrent occasion d'étudier le sujet. Or, interrogées dans le sommeil, toutes les trois, sans jamais varier, firent avec conviction une réponse que, plus ou moins vite, l'événement confirma. Supposant qu'elles soient toutes accouchées à neuf mois, elles étaient respectivement enceintes de un mois et quatre jours, deux mois et vingt et un jours et sept mois et quinze jours, au moment de leurs prédictions.

Le succès de celles-ci fut-il l'effet du hasard ? Sans décider la question, M. Liébeault regarde le contraire comme bien plus probable. Et, d'ailleurs, que l'attention puisse dans le sommeil rendre consciente une idée qui a son point de départ dans le nerf grand sympathique, aussi bien que celle qui a sa source dans les sens, cela ne lui paraîtrait pas plus étonnant dans un cas que dans l'autre. Je n'insiste point, voulant uniquement montrer que, dans l'explication qu'il tiendrait prête, la seconde vue, contrairement à ce qu'on eût pu croire, ni rien de pareil, ne tient aucune place.

§ IV

Sexes à volonté.

Quand la reine meurt, avec le premier sujet
venu de la défunte, en l'empifrant, on la rem-
place. L'élu est logé dans un palais, une liste
civile lui est allouée, en nature, et : la reine est
morte, vive la reine ! C'est des abeilles qu'il
s'agit. On pouvait s'y tromper, car la formule
déborde et de beaucoup cette humanité hexapo-
dique. Du reste on sait que les reines des abeilles
n'en sont pas (des reines) et qu'elles sont aussi
mal nommées que possible de ce nom d'ogresses,
étant à la lettre ce que les reines des hommes
ont la prétention tragiquement bouffonne d'être :
les mères du peuple. C'est donc pour faire une
mère, non une reine, que la prétendue reine
morte, on prend une abeille du peuple, une
agame, une insexuée, un neutre, qu'on le met
dans une case plus grande que les autres et qu'on
le nourrit mieux que le commun des martyrs.
A ces conditions le but est atteint. Ainsi chez les
abeilles un excès de nutrition fait la femelle.

Il est connu d'ailleurs que, comme ce neutre
bien nourri, l'ovule qui, non fécondé, donne in-
variablement un mâle, fécondé, donne une

femelle. Or, la fécondation ne se ramène-t-elle pas à la nutrition, et la reproduction elle-même qu'est-ce, si non un phénomène de nutrition? Ainsi c'est un excès de nutrition qui détermine l'ovule à évoluer en femelle.

Ces choses ne s'observent-elles que chez les abeilles ? Nullement. Mieux ou moins bien nourris, les œufs de batraciens donnent, dans le premier cas, plus de femelles, plus de mâles dans le second.

Sont-elles particulières aux animaux ? Comment le croire, quand les jumeaux, pour qui un excès de nourriture ne constitue pas le régime ordinaire, appartiennent pour les deux tiers au sexe mâle ?

M. Lahille fait justement remarquer à l'appui de la relation de cause à effet entre la nutrition et le sexe du produit utérin que dans le cas de grossesse gémellaire, suivant qu'il n'y a qu'un placenta pour les deux jumeaux ou qu'il y en a deux, c'est-à-dire suivant que les sujets sont également nourris ou qu'ils peuvent l'être inégalement, ces sujets sont de même sexe ou peuvent être de sexe différent. Il cite encore ce fait tératologique que lorsqu'il n'y a qu'un cœur pour les deux jumeaux, ils sont toujours de même sexe étant toujours nourris de même.

Revenons à la production du sexe femelle.

Pourquoi chez les populations pauvres le sexe mâle l'emporte-t-il numériquement sur l'autre, si ce n'est parce qu'elles sont chichement nourries ?

Pourquoi est-ce l'inverse chez les populations riches si ce n'est pour la cause contraire ? Pourquoi le nombre des filles est-il en excès chez les Anglais peuple gros mangeur ? Pourquoi, après de longues guerres, naît-il plus de garçons que de filles, sinon parce que la guerre a écrémé la population masculine et n'en a laissé que le petit lait ?

Peut-être l'art fameux des filles et des garçons à volonté qui n'existe qu'à l'état de *desideratum* quoique ayant tant fait parler de lui, prendra-t-il un jour appui sur ces observations.

Celles de M. Fiquet, célèbre éleveur de Houston (Texas), sur qui ses succès en cette matière, couronnant une longue expérience, ont fixé l'attention, peuvent se résumer ainsi :

Veut-il une génisse : la vache est nourrie pauvrement, tandis que le taureau reçoit une alimentation abondante et choisie (on impose, en outre, à celui-ci une entière continence, jusqu'au jour où l'expérience exigera qu'il la rompe); dans ces conditions, on a toujours une génisse.

Veut-on un mâle, on fait l'inverse : nourriture riche à la vache, pauvre au taureau qu'on épuise, en outre, par le plaisir, tandis que c'est le contraire pour la femelle. Dans ces conditions, on obtient toujours un mâle.

Il faut dire que M. Fiquet est, jusqu'ici, le seul

qui ait appliqué cette méthode avec un succès constant. Mais en science, deux négations ni davantage n'égalent pas une affirmation.

Puisque l'alimentation des auteurs ne décide pas à elle seule du caractère sexuel du produit, et qu'il faut faire intervenir, en outre, l'entraînement précité, on voit bien que l'affaire est d'un intérêt principalement zoologique ; il peut dans ces limites, être très grand : ce qui réussit sur l'espèce bovine n'échouerait sans doute pas sur le cheval, l'âne et le mouton.

§ VI

La durée de la grossesse.

Voulant déterminer avec exactitude la durée de la gestation dans l'espèce humaine, un médecin anglais a proposé tout bonnement d'établir à Londres ce qu'il appelle un *Hospice expérimental de la conception.* Cet établissement renfermerait des jeunes filles et des mères soumises à la surveillance de matrones. Dix accoucheurs chargés spécialement des expériences auraient seuls entrée dans ce harem... Ainsi vont les savants quand une fois les a piqués la mouche de l'expérimentation. Si on disait à ce médecin que sa proposition pèche par le côté moral, il répondrait probablement que l'obstétrique est son terrain et que le côté moral des choses ne le regarde pas.

Ce qu'on ne lui contestera pas, c'est l'importance sociale et la difficulté de la question que *per fas et nefas* il voudrait résoudre.

Le code français assigne à la gestation une durée maximum de 300 jours; le wurtembergeois de même; l'autrichien également, qui accorde que les exceptions à cette règle soient soumises à des experts. La législation prussienne et celle de la Bavière accusent 302 jours. Plusieurs accoucheurs allemands pensent que la grossesse peut se prolonger jusqu'au 322e jour. Dans quelques cantons de la Suisse la vie fœtale est autorisée à durer 368 jours.

Tel enfant, légitime en Suisse, serait bâtard en France, et telle femme réputée adultère en France serait considérée en Suisse comme épouse fidèle. Il n'y a de certitude absolue que sur ce point, savoir que légitime ou naturel tout enfant est issu de sa mère, et que, constante ou volage, toute femme est la mère de son enfant.

Parmi les décisions judiciaires les plus remarquables à titres divers, on cite les suivantes :

En 1630 la faculté de Leipsig déclara illégitime un enfant de 309 jours; mais huit ans après elle reconnut comme légal un enfant né douze mois et treize jours après la mort... du mari de la mère ; d'où on peut conclure que les motifs de cette honorable faculté n'étaient pas exclusivement gynécologiques.

La haute cour de justice de Friedland a déclaré légitime un enfant né 333 jours après la mort du... père.

La Faculté de Halle a légitimé un enfant de 345 jours (11 mois et demi) ; celle d'Ingolstadt un enfant de 373 jours (1 an et 8 jours), enfin celle de Geissen un enfant de 510 jours (17 mois) après quoi il n'y a plus qu'à tirer l'échelle.

Mais qui oserait dire que parmi les décisions plus ou moins excentriques qui viennent d'être rapportées, il ne s'en trouve aucune qui n'ait été juste ? Convaincues que la durée de la gestation est toujours renfermée dans des limites à peu près fixes, il arrive souvent que des femmes trompées dans leurs prévisions croient à une erreur de calcul ; mais au lieu d'une erreur n'est-ce pas quelquefois un écart de la nature ? Nous avons vu une dame attendre sa délivrance pendant plus de deux mois et pousser le respect envers la science jusqu'à s'accuser de cette déception trop prolongée.

Voici pour finir un cas de grossesse prolongé, fort intéressant en ce que l'authenticité en paraît établie.

L'observation, due à M. Nunez Rossié, est

rapportée par lui dans : *American Journal of Obstetric* [1].

Il s'agit d'une malheureuse jeune fille de vingt-deux ans, bien portante, qui subit les derniers outrages. L'attentat eut lieu le 6 mai 1884. Elle mit au monde, le 19 mars 1885, un garçon énorme : longueur $0^m 54$; poids, 5 kilos 300 ; le diamètre de la tête était bien plus considérable que d'ordinaire. Né en état d'asphyxie, il ne put être ranimé complètement et mourut au bout de six jours. C'était probablement ce qu'il pouvait faire de mieux.

Quoi qu'il en soit, la durée de la grossesse a été de 317 jours, c'est dix-sept de plus que le maximum fixé par le code français ; et le degré de développement du fœtus justifie les bases du calcul qui donne ce résultat anormal. En effet, outre ce qui a été dit du poids, et de la longueur de ce fœtus et des dimensions de sa tête : la peau et les ongles présentaient des caractères (desquamation épidermique de l'une, allongement des autres dépassant de beaucoup le bout des doigts) qu'on n'observe généralement qu'après la naissance. Enfin le système osseux était également très avancé ; ainsi on trouva un point d'ossification dans l'épiphyse supérieure de l'humérus.

[1] Et mentionné dans l'*Année médicale* pour 1886.

§ VI

Sur l'incertitude de quelques signes de la grossesse.

Une fille enceinte eut, au septième mois, une hémorrhagie après laquelle sa situation cessa à tel point de paraître intéressante, qu'on l'accusa d'infanticide. Une sage-femme et un médecin, chargés l'un après l'autre de l'examiner, s'accordèrent à déclarer qu'elle avait accouché. Sur quoi, la justice usant d'indulgence, condamna cette malheureuse à six mois d'emprisonnement.

Deux mois après, elle accoucha d'un enfant à terme.

Il fallut bien casser le jugement. Le fait est rapporté par Stolz. Il s'est passé à Vic, petit village voisin de Nancy.

Par une coïncidence singulière, c'est dans une localité du même nom, mais située près de Tarbes, que s'est passé celui-ci, si pareil au précédent, sur lequel il trouve moyen d'enchérir. La femme condamnée comme infanticide, n'y différa pas même d'un jour la condamnation, *par le fait*, de la sentence rendue contre elle : ce fut au sortir de l'audience que, sous le coup, peut-être de l'émotion, elle accoucha d'un enfant de huit mois et demi — mort-né.

Comme dit M. Brouardel : ces choses-là n'ajoutent rien à la gloire des médecins en général, ni en particulier à celle des médecins légistes.

Et, à ce propos, il mettrait ses élèves en garde contre les signes de grossesse dits *signes de probabilité*. Même l'examen des seins ne peut donner de certitude. Il cite une femme qui, depuis huit ans, n'a pas cessé d'avoir du lait au point, pour que ses vêtements n'en soient pas mouillés, d'être obligée de se garnir de linge. Au moins, cette femme a-t-elle été mère; mais la présence du lait n'est pas à elle seule une preuve absolue d'accouchement. On en aura la preuve plus loin par les nombreux exemples de grand'mères, de jeunes filles vierges, d'hommes et de mâles d'animaux qui dans des circonstances diverses se sont tirés avec honneur des fonctions de nourrices.

La palpation aussi peut être trompeuse, le médecin sus-nommé, étant interne, vit ceci :

Une femme avait, à ce qu'on croyait, un kyste de l'ovaire. La ponction fut faite, et, pendant que le liquide s'écoulait, on s'aperçut que dans ce prétendu kyste, il y avait... un fœtus ! Une hydropisie de l'amnios (enveloppe immédiate du fœtus), méconnue par les médecins et chirurgiens de l'hôpital, en consultation, avait fait croire à une tumeur de l'ovaire.

Tout est bien qui finit bien : trois mois après

cette intempestive ponction, l'enfant naquit, vivant et à terme.

« Il y a pourtant, dit le professeur, des signes certains de la grossesse, aussi certains que le râle crépitant et le souffle de la pneumonie. Le premier consiste dans les *mouvements actifs du fœtus.* » Mais, voyez ce que c'est que de nous, de la certitude, voulais-je dire ; à peine cette parole rassurante est-elle proférée : « On peut cependant encore s'y tromper, ajoute-t-il. »

Et en effet, certains mouvements spasmodiques des muscles compris dans les parois de l'abdomen, simulent avec tant de perfection les mouvements du fœtus, qu'Antoine Dubois, lui-même, reconnaît y avoir été pris.

Une fraude démasquée en son temps par Ambroise Paré, va servir d'illustration à ceci.

En 1651, vint à Paris une grosse normande, « potelée et en bon poinct », âgée de trente ans environ, qui s'en allait par les bonnes maisons de dames et damoiselles, tendant la main et racontant qu'elle avait un serpent dans le ventre, où il était entré pendant qu'elle dormait dans une chenevière. Elle faisait mettre la main sur son ventre : on sentait alors les mouvements du reptile, qui jour et nuit la tourmentait et la rongeait. Aussi la compassion était-elle grande et chacun l'assistait. Une damoiselle honorable et grande aumosnière, fit davantage, la prit chez elle et appela en consultation, outre le grand Ambroise, M. Hollier, docteur-régent de la Faculté de médecine, et Germain Cheval, chirurgien juré, espérant que ces savantes gens trouveraient moyen « de chasser ce dragon hors le corps de ceste pauvre femme : et l'ayant veuë, M. Hollier lui ordonna une médecine qui était assez gaillarde (laquelle lui fit faire plusieurs selles) tendant à fin de faire ressortir la pauvre beste : néanmoins ne sortit point ».

Consultation nouvelle où l'on convient qu'Ambroise Paré procédera à « un examen oculaire, pour sçavoir si on pourrait apercevoir queue ou teste..., mais il ne fut rien apperceu..., » excepté un mouvement des muscles de l'épigastre où, réunis de rechef, les gens de l'art s'accordèrent à ne voir rien de zoologique, d'autant que l'intrigante qui les produisait, n'était rien moins qu'une bête. Elle s'en reconnut elle-même l'auteur, dès qu'on l'eut menacée de la mettre à la question de médecines beaucoup plus fortes encore ; et le soir même, s'en alla sans dire adieu à sa demoiselle, mais en lui emportant quelques hardes comme souvenir.

« Six jours après, ajoute Ambroise Paré, je la trouvay hors la porte de Montmartre, sus un cheval de bast, jambe de çà, jambe de là, qui rioit à gorge déployée, et s'en alloit avec des chasses-marées, pour avec eux (comme je croy), faire voler son dragon, et retourner en son pays. »

En effet, le dragon n'était sans doute pas un dragon de vertu, pas plus que l'esprit qui, de nos jours, fit claquer les tendons d'Achille d'une autre innocente, n'était un esprit de l'autre monde. Les deux faits sont de même fabrique, et M. Schiff, par qui la seconde supercherie fut dévoilée, ne peut que s'honorer, ayant suivi, sans le savoir probablement, l'exemple d'Ambroise Paré, d'avoir donné une preuve de perspicacité égale à celle de ce grand homme.

Revenons aux signes certains de la grossesse, au plus certain de tous, consistant dans la perception, à travers les parois de l'abdomen, des *battements du cœur* du fœtus. C'est là l'indice vraiment caractéristique. Et cependant, Antoine Dubois, encore, et M. Pajot s'y sont trompés ! Certaines femmes sont tellement émues par l'examen qu'elles ont jusqu'à 120 pulsations par minute. « Si donc, vous ne comptez pas les battements du pouls de la mère en même temps que vous écoutez le cœur du fœtus, vous n'êtes jamais sûr de ne pas vous tromper. »

Parmi les questions très diverses qui peuvent se poser à propos de la grossesse, nous citerons pour terminer la suivante. Une femme est morte depuis un certain temps déjà, des suites, à ce qu'on croit, d'un avortement. On soupçonne des complices. Dans quelle limite de temps après la mort, l'exhumation peut-elle encore fournir la preuve du crime ? Or, Caspar a pu, neuf mois après l'inhumation d'une jeune fille, constater son état de virginité. D'autre part, le placenta et l'utérus ne tombent que très lentement en décomposition ; et leur résistance naturelle s'est encore accrue depuis qu'on emploie à la fabrication des cercueils, des bois plus ou moins aromatiques. L'usage en est donc très favorable à la médecine légale, mais, s'il continue de se répandre, M. Brouardel fait remarquer qu'on ne pourra plus, dans les cimetières, *reprendre les lignes*, au bout de cinq ans.

§ VII

Vomissements de la grossesse chez l'homme.

Non que l'homme fût... mais la femme l'était. Affaire de sympathie conjugale.

Que dis-je ! Ce n'est pas assez que l'époux ait eu pendant tout le temps réglementaire les vomissements matutinaux ; il commença de les avoir bien avant (quinze jours) que rien pût faire croire que l'épouse en serait prochainement atteinte. C'est ce que, pour parler comme l'auteur, des *Influences maternelles*, nous appellerions de la *sympathie antérieure*.

Cette antériorité qu'on ne dit pas, — est-ce oubli,

— avoir coïncidé avec une antériorité analogue de malaise chez la dame — vous allez comprendre l'importance de la remarque — était du reste, la seule chose dont pût s'étonner ce couple si uni, car c'était la seule qui le tirât de ses habitudes, vu qu'à leurs grossesses précédentes — je pense qu'ici, l'article peut se mettre au pluriel, — du moment où *ils* avaient été certains d'être enceints, ils s'étaient mis à vomir de compagnie. C'est pour cela qu'on peut se demander si par prévision (espoir ou crainte), de ce qui allait lui arriver, la femme n'avait pas donné l'exemple de cette précipitation, qui n'eût plus été chez l'homme qu'affaire d'émulation.

Ne croyez pas que j'invente ! Si faire valoir les faits, est selon nous, l'art de l'écrivain scientifique, les altérer en rien, sous quelque prétexte que ce soit, serait prévarication. Toute cette histoire [1] a été communiquée par M. le Dr Hamille à la Société obstétricale de Philadelphie.

A entendre l'auteur, les cas de ce genre ne seraient pas rares. Il prétend même avoir souvent vu des maris, une fois déclarée la grossesse de leur femme, être pris de vomissements. En Amérique, peut-être !

Mais l'Amérique existe. Et alors, où allons-nous ?

---

[1] Rapportée en 1888 par le *New-York Medical Record*.

Il y a des hommes qui prennent le lit quand leurs femmes accouchent, c'est la *couvade*. Il y en a qui, moins héroïques, mais plus pratiques que le pélican, nourrissent leurs enfants du lait de leurs propres glandes mammaires. Il y a des dames qui réclament le droit de porter l'affreux costume masculin. En attendant qu'elles l'obtiennent, ce droit, il est impossible, à moins de voyager par les rues comme une malle, de ne pas être frappé du nombre de celles qui portent maintenant moustaches. La quantité d'hommes aujourd'hui atteints et convaincus d'hystérie par la Faculté, n'est pas moins remarquable. Et voici que les mêmes se mêlent d'avoir des vomissements de femmes grosses !

Où s'arrêtera-t-on dans cette voie ? Où allons-nous ?

§ VIII

Une femme peut-elle avoir accouché sans le savoir ?

Hippocrate a dit oui. Ce qu'a pu dire Galien, nous l'ignorons. Hippocrate a dit oui dans un cas de coma. Le coma, c'est l'état des malades chez qui il n'y a plus ni opérations cérébrales, ni réaction volontaire aux impressions extérieures. Mais, suivant la remarque de M. Brouardel, il est bien rare qu'une femme se trouve seule dans une situation aussi grave. La question de médecine légale, qui moins souvent aujourd'hui qu'il y a dix ans (pourquoi ?) revient devant les assises, se pose en des circonstances tout autres : une femme, prévenue d'infanticide, prétend être accouchée pendant son sommeil et l'enfant qu'on l'accuse d'avoir tué a été étouffé, selon elle, sous les couvertures. Est-ce possible ? C'est ainsi que, le plus ordinairement, la question se présente.

C'est impossible, répondait-on avec assurance, il y a bien peu de temps encore.

Or, un soir arrive à la clinique de Paul Dubois, une fille très fatiguée, qui se couche, s'endort, et à minuit, se réveillant, sent qu'elle est mouillée, en fait la remarque, veut se lever et s'aperçoit qu'elle a un enfant entre les jambes.

Il n'y a plus moyen dès lors, d'être aussi affirmatif que par le passé ; ce fait présenté, pour ne pas omettre de le dire, par une primipare, ayant été observé dans des conditions réellement scientifiques.

Grâce à cette constatation, épargne sera faite de quelques-unes des condamnations iniques qui en cas d'accouchements pareils, se fussent par la suite ajoutées à celles qui ont été portées dans le passé. Ce n'est point que le passé n'ait eu comme nous, l'occasion d'apprendre sur le sujet dont il

s'agit à être moins affirmatif que l'homme, par le
double effet de l'insuffisance du savoir et de la
suffisance scientifique, n'est porté à l'être sur
tous les sujets. Ainsi, on trouve dans Montgomery,
deux exemples semblables à celui de la clinique
Dubois ; mais il faut convenir qu'ils ont le défaut
de ressembler un peu à ces faits divers, dont les
journaux pourraient, à l'instar de ce qui est pra-
tiqué par le gouvernement, en matière de brevets
d'invention, décliner la responsabilité au moyen
de majuscules entre parenthèses.

Dans l'un, c'est un lord anglais qui, s'éveillant
aux côtés de sa femme, profondément endormie,
sent remuer dans le lit, un troisième et tout petit
personnage qui n'y était pas avant que les époux
ne s'y missent.

Dans l'autre, c'est une petite fille qui, couchée
auprès de sa mère, s'aperçoit pendant le sommeil
de celle-ci, qu'un messager du Ciel lui a apporté
un petit frère ou une petite sœur.

Pour ne pas payer de mine, ce n'en étaient pas
moins des vérités... possibles.

Ce qui se passe communément aujourd'hui dans
le sommeil provoqué (anesthésique, hypnotique, etc.), doit se passer au moins exceptionnellement dans certains cas de sommeil naturel. Du
haut de l'expérience maintenant acquise, la question est donc, le cas échéant, de savoir si ce n'est
pas en présence d'un de ces événements excep-

tionnels qu'on se trouve. Et, notons encore que celle-ci également, eût pu se poser dans le passé, car le sommeil artificiel n'a pas attendu pour se produire, la réinvention moderne des anesthésiques et du magnétisme. Témoin l'accouchement de la femme du seigneur de la Palice, qui se fit pendant le sommeil de la dame. Comme on avait fait sortir tout le monde de la chambre, contrairement à l'usage du temps, cette naissance clandestine donna lieu à un procès retentissant, qui ne dura pas moins de vingt-deux ans. La sage-femme avait administré à la mère un narcotique, grâce auquel une substitution d'enfant avait pu se faire. Ne pas confondre ce seigneur de la Palice avec le « monsieur » du même nom (de la Palice ou Palisse) aussi mal à propos ridiculisé, qu'un autre « monsieur » (Marlborough); ils n'appartiennent même pas à la même famille.

LIVRE III

LA NAISSANCE

I

De la belle-mère.

M. Depaul traite des soins à donner à la
femme qui va devenir mère. Il faut entre autres
choses veiller à ce qu'elle n'ait auprès d'elle que
des personnes qui lui soient agréables. « Elles
vous en prieront elles-mêmes bien des fois »,
dit le professeur à ses futurs confrères, et il
ajoute :

« Elles vous prieront surtout d'éloigner celle
qui d'ordinaire leur est, à ce moment-là, le plus
antipathique...

« Leur belle-mère. »

Revanche de la maman de madame !

§ II

Impiété obstétricale.

L'acte s'accomplit journellement à la Charité, a pour auteur M. Lucas-Championnière, s'étale à plaisir dans la *Gazette des hôpitaux*, mais, journal de médecins, journal de parpaillots ! Je vais livrer la chose aux coups de bec des plumes d'oie de l'orthodoxie.

M. Lucas-Championnière, chargé d'abord à titre provisoire du service obstétrical de l'hôpital Cochin — ayant pris définitivement la direction de ce service — y a établi à titre régulier et constant... Mais avant d'aller plus loin, allumons le flambeau à la lueur duquel ce qui va suivre doit être lu pour que l'horreur en soit sentie.

On sait ce qui arriva lorsque la première femme, encore innommée, Eve, avant la lettre, eut commis la désobéissance d'où est née la noble industrie de la maison qui n'est pas au coin du quai et de celle qui y est : industrie noble entre toutes, puisqu'elle a pour auteur Jehovah lui-même, qui d'après la Genèse (ch. III, v. 21) fut le premier tailleur. Jehovah étant venu se promener dans le jardin (v. 8), les coupables se cachèrent derrière les arbres, mais en vain. Il fallut comparoir et confesser la faute. Sur quoi le maître commença par casser bras et jambes au serpent qui depuis lors marcha sur son ventre (v. 14). Ensuite il inventa la douleur et l'attacha à l'enfantement, maudit la terre, créa les épines et les chardons (comme en punition d'autres fautes il créera la pluie), institua les travaux forcés et condamna l'homme et la femme à manger de l'herbe ; condamnation dont il semble y avoir une réminiscence dans l'invitation adressée 5861 ans, 1 mois et 11 jours plus tard par Notre-Dame de Lourdes à la petite Bernadette Soubirous.

La seule chose à retenir ici, c'est l'anathème prononcé contre la femme : « Tu enfanteras dans la douleur. » Cela posé, voyons ce que M. Lucas-Championnière pratique couramment dans son service : « L'anesthésie », dit la *Gazette*. Mais ce que ce journal nomme anesthésie, c'est la désobéissance à l'ordre divin qu'on vient de rappeler.

« Le but de l'anesthésie obstétricale employée d'une façon constante et régulière, — je laisse dire la *Gazette*, — est d'annihiler les souffrances sans déterminer la perte complète de la conscience. »

De sorte que, tout en s'étant trouvée à son accouchement, l'accouchée se verrait transportée au ciel sans avoir passé par l'enfer ! mais ne nous laissons pas distraire. Déjà M. Lucas-Championnière, dans une communication à la Société médicale des hôpitaux, se vante d'une quarantaine d'*observations*, comme les médecins appellent ces attentats. L'*Univers*, le *Monde*, la *Défense* n'ont qu'à laisser faire, et « le mal d'enfant » deviendra une de ces locutions frustes dont le vulgaire a besoin que les érudits lui expliquent l'origine.

Ainsi, pendant que Jéhovah au dire de la Bible, a enfermé la femme dans la douleur, M. Lucas-Championnière l'en fait évader, au dire de la *Gazette*. Nous le prenons donc ici, ce médecin, dans le même flagrant délit où nous saisissions naguère un ingénieur éminent que la mort a récemment enlevé d'une façon si subite et si prématurée, si absurde et si odieuse, par conséquent (car l'homme est fait pour dire à la nature ses vérités et pour la faire marcher droit... à l'idéal) : c'était quand devant le pape montrant dans les inondations une punition du ciel, M. Belgrand se jetait en travers du fléau pour en atténuer d'abord les effets et, selon son espérance, pour les annuler plus tard.— Quand je dis M. Belgrand, on entend bien que c'est du génie civil qu'il s'agit et quand j'écris M. Lucas-Championnière, on comprend la médecine.

C'est la médecine et c'est l'art de l'ingénieur qui, avec ces savants et par eux, contredisent la Bible et le vicaire infaillible de Jésus-Christ.

Ainsi se démontre journellement l'accord de ces deux épouses spirituelles de l'Etat français, la Science et la Religion entretenues l'une et l'autre sur la cassette de ce bigame.

Quoi qu'il en soit, on a vu quel but se propose, dans sa championnière d'hérésie, le médecin de l'hôpital Cochin. Voyons comment il procède.

En homme d'une expérience consommée. « Il ne faudrait pas s'imaginer, dit-il, qu'on pût obtenir toujours ce résultat (la sensibilité suspendue et la conscience conservée) par un même procédé, avec les mêmes quantités de chloroforme et dans le même temps. » C'est, en effet, le défaut de la vie, si souvent reproché à ceux qui l'étudient en batteurs d'estrade dans des arcanes auxquels les Académies qui font campagne dans les bagages n'ont pas encore délivré de permis ; c'est le défaut de la vie, d'être — n'étant pas la mort, étant l'individualité, — d'être la variabilité et de ne pas répondre aux sommations de l'expérience aussi vite et aussi uniformément que les corps dépourvus de ces complications. M. Lucas-Championnière constate donc qu'en matière obstétricale l'action du chloroforme subit deux ordres d'influences et que cette action varie 1° d'une personne à l'autre, et 2° suivant le moment où on commence à employer l'anesthésique.

L'emploie-t-on de bonne heure, quelques gouttes de chloroforme de temps en temps versées sur un mouchoir que la patiente (ancien style et vieux dogme) tient à la main, sont tout ce qu'il faut. Sent-elle venir une contraction? l'innocente victime porte le mouchoir à ses narines. Et la condamnée de Jehovah, graciée par la Science, continue de converser avec les personnes qui l'entourent. Par ces inhalations répétées, elle arrive presque à s'anesthésier. Dans ce cas, qui qui est le plus simple, la quantité de chloroforme consommé se réduit à peu de chose. Mais si le cas est le plus simple il n'est pas le plus commun.

D'autres, moins sensibles au chloroforme, ont besoin, pour en éprouver le bienfait, d'en absorber de plus grandes quantités, surtout si on le leur administre après qu'elles ont déjà souffert. Je copie : « Elles n'accusent du bien-être que lorsque le chloroforme a été donné plus abondamment. » Sous cette forme restrictive, quelle étonnante affirmation ! Celles-ci ne vont pas encore jusqu'à perdre connaissance, mais elles ont de plus que les précédentes une tendance à l'assoupissement; aussi restent-elles silencieuses.

Enfin, une troisième série comprend des individualités plus réfractaires encore. Mais les détails sont trop professionnels. A celles-ci il faut appliquer la méthode de Simpson, donner d'emblée une proportion considérable de chloroforme et, sans crainte, pousser les inhalations jusqu'à complet assoupissement. Ce n'est pas l'anesthésie chirurgicale ; ce n'est encore que le sommeil qui précède la période d'excitation. Il suffit de prolonger les inhalations pendant un quart d'heure ou vingt minutes pour que cette demi-anesthésie continue jusqu'à la fin du travail.

Tels sont les trois types dans lesquels, d'après l'expérience de M. Lucas-Championnière, rentrent tous les cas observés.

La « suppression de la douleur » n'est peut-être pas le fait le plus remarquable de la demi-anesthésie. Habitués à regarder le cours ordinaire des choses comme seul conforme à la nature, nous devons croire à première vue que cette indemnité se paye d'une façon quelconque. Or, elle est entièrement donnée, et ce n'est pas assez dire : il y a encore du *retour*, puisqu'au lieu d'entraîner aucun inconvénient, elle procure divers avantages. Loin que la suppression des douleurs dont s'accompagnait le travail jette quelque trouble en celui-ci, c'est le contraire qui a lieu : « Les contractions, c'est le médecin qui parle, sont régularisées, elles s'espacent et deviennent efficaces. L'influence est favorable. » On avait dit que le travail était ralenti ; question de méthode ! Il marche au contraire rapidement, c'est le cas ordinaire ; quelquefois même avec une rapidité surprenante.

« Soit ! dira le croyant sincère fort en peine

de mettre ici d'abord sa foi et sa science. Soit !
voilà pour la mère. Mais l'enfant ? » demandera-
t-il.

« L'enfant répond M. Lucas-Championnière,
ne présente aucun accident de stupeur au moment de la naissance. » La question, comme on
voit, n'a fait qu'accuser davantage le désaccord
qu'on voulait dissiper.

Soit encore ! Voilà pour le présent, mais l'avenir ?

L'avenir ? « Les suites de couches sont meilleures, déclare encore M. Lucas-Championnière,
les forces se relèvent rapidement. »

Mais ces choses étranges ont-elles bien la généralité que nous leur attribuons ? Elles l'ont.
Si l'anesthésie obstétricale ainsi entendue comporte des contre-indications, ce qui est probable ;
on n'en connaît pas, et l'auteur a le droit de les
regarder comme excessivement rares. « Ni les
affections cardiaques, ni les affections pulmo-
naires ne sont, dit-il, des contre-indications à l'a-
nesthésie obstétricale. »

Ainsi, non seulement la condamnation portée
contre la femme au chap. III, verset 16, de la
Genèse, est levée et annulée par l'homme, mais
la violation de cette sentence, loin d'entraîner
un châtiment, obtient la sanction de la nature.
La crainte exprimée en ces termes au verset 22
du chapitre précité se serait-elle réalisée :

« Et l'Eternel Dieu dit : Voici, l'homme est devenu comme l'un de nous, sachant le bien et le mal. Mais maintenant, il faut prendre garde qu'il n'avance sa main, et ne prenne aussi de l'arbre de vie, et qu'il n'en mange, et ne vive à toujours. »

J'en accepte l'augure.

§ III

Autre méthode anesthésique.

Inventeur : un dentiste américain. Les dentistes de l'autre côté de l'eau paraissent se faire une spécialité de l'anesthésie. Très progressifs en tout ces dentistes de l'autre continent. Il est piquant que dans la patrie du canard l'arracheur de dents ait le culte du vrai ! C'est vraiment le Nouveau-Monde.

Le dentiste est M. le Dr Bonvill, de Philadelphie. Quel corps chimique emploie-t-il ? Aucun. Je crois que nous touchons aux dernières limites de la simplicité et aux premiers ressorts de la médecine de l'avenir qui usera grandement des influences morales, à moins que tant de découvertes faites ou ébauchées en physiologie cérébrale restent sans applications : supposition ridicule.

Rien dans les mains, rien dans les poches! ce serait le cas de le dire. Il se place devant le client : « Faites comme moi; » et il procède à des inspirations précipitées et profondes. Une centaine au moins par minute. Le client qui l'imite est au bout d'une minute aussi insensible au mal qu'on lui fait qu'un clérical et un bonapartiste ensemble à celui qu'ils ont fait à la France.

On peut lui arracher les dents les plus solidement enracinées. La seule condition est que, pendant toute la durée de l'opération, il continue de respirer suivant le mode indiqué ci-dessus.

Non seulement on arrache les dents sans douleur, mais on peut de même ouvrir les abcès, cautériser les nerfs, et, en un mot, pourvu qu'elles soient de courte durée, faire les opérations chirurgicales les plus douloureuses.

On raconte que, sur un jeune homme d'une grande susceptibilité nerveuse, le Dr Lée de Philadelphie, ouvrit par une incision longue « d'un pouce » un abcès du périnée qui donna issue à une grande quantité de pus. Le malade, qui avait appréhendé l'opération, fut bien surpris (autant que charmé) d'apprendre qu'elle était faite. Il n'avait rien ressenti quoique parfaitement éveillé. Plus tard, des trajets fistuleux s'étant établis, des brides charnues, longues chacune d'un pouce, durent être coupées avec des ciseaux.

J'allais dire qu'on endormit de nouveau le malade ;
effet de l'habitude : on congédia de nouveau la
sensibilité par le moyen qui avait si bien réussi
déjà, et le succès fut le même que la première fois.

Un Dr Hawson ne procède plus autrement, dit-
on, dans sa pratique obstétricale ; ce qui, à première vue, ne s'accorde pas parfaitement avec ce
qui a été dit que la méthode ne convient qu'aux
opérations de courte durée : l'horrible dieu jaloux,
d'invention judéo-chrétienne, qui, pour punir la
femme d'avoir voulu s'élever, l'aurait condamnée à
enfanter dans la douleur, ne lui ayant pas dispensé
celle-ci d'une main avaricieuse. On note, d'ailleurs,
que cette méthode d'inspiration, combinée avec
l'emploi des agents anesthésiques, permet d'obtenir, au prix des moindres doses de ces derniers,
les effets cherchés : savoir, le sommeil et la résolution musculaire. Quoi qu'il en soit, il paraît que
l'anesthésie nouvelle jouit en ce moment d'une
certaine faveur chez les Américains.

Tels sont les faits. Voyons l'explication.

D'après le Dr Bonvill, qui a droit à être entendu
le premier, l'analgésie (insensibilité à la douleur)
aurait pour causes : 1° la tension d'esprit et
l'effort constant de volonté qu'exigent les mouvements respiratoires forcés ; 2° un état d'hypérhémie du cerveau (l'hypérhémie, c'est la sura-
bondance du sang) ; et 3° l'accumulation de l'acide
carbonique dans le sang.

D'après M. R. Blanchard (dans l'*Art dentaire* par lequel est arrivée ici cette invention américaine), l'accumulation de l'oxygène dans le sang — au lieu de celle de l'acide carbonique — expliquerait tout. Mais d'après le directeur de ce journal, la première des causes invoquées par le Dr Bonvill, la cause morale, aurait au moins la prépondérance, ce que nous regardons comme fondé.

C'est en détournant de leur mal l'attention des sujets contraints de s'absorber dans les mouvements d'inspiration prescrits que ces mouvements déterminent l'anesthésie, ou qu'en d'autres termes, ils abolissent la perception du mal. C'est de la même façon qu'agit sur un malade l'objet brillant qu'il s'astreint à fixer quand toutefois la fixation n'arrive pas à produire l'état hypnotique. Un courant d'induction énergique peut agir sur l'attention comme révulsif — s'il est permis d'ainsi parler — ou opérer une dérivation de l'attention; et ses effets analgésiques peuvent n'avoir pas d'autres causes.

Bien des lecteurs savent par expérience personnelle, et tous les dentistes s'accorderont à dire que, si on parvient à distraire fortement l'attention d'une personne à laquelle on va extraire une dent, cette extraction se fait ordinairement sans douleur.

Enfin, le fait si connu de la disparition subite des névralgies dentaires, au moment même où celui ou celle qui vient s'en faire traiter, saisit la sonnette du dentiste, n'a pas d'autre cause que celle-ci, savoir : que l'attention, pour se porter sous forme d'une crainte des plus vives sur un mal prochain, celui de l'opération, se détourne du mal présent, de la névralgie, qui, n'étant plus *regardée*, n'est plus *vue*.

On voit donc qu'on a parfaitement raison de le dire à certains malades : « Il ne faut pas s'écouter. » On voit à quel point on peut se desservir soi-même en « s'écoutant » trop complaisamment. « Tâchez de ne point penser à votre mal » ; ce conseil qui est bien souvent celui de l'indifférence est aussi celui de l'expérience. On voit quel bien on peut se faire, le cas échéant, en faisant effort pour s'appliquer le bénéfice de l'observation précédente ; en ayant le courage et la volonté nécessaire pour se créer quelque occupation ou préoccupation capable de donner congé à la douleur physique, en ne s'abandonnant pas, en venant à l'aide de soi-même ; et quels secours chacun pourra tirer en des moments d'épreuve d'une éducation qui, à l'inverse de celle des prêtres, aura développé, porté à son maximum la force morale chez tous et chez toutes. Or tel doit être l'objet essentiel de l'éducation laïque [1].

---

[1] Sujet traité à fond dans une des séries suivantes de cet ouvrage.

IV

Autre.

Une jeune femme (22 ans), grande hystérique habituée depuis onze ans de nos hôpitaux, entre enceinte dans le service de M. Mesnet. Comme on la sait très facile à endormir et très ouverte aux suggestions hypnotiques, on se propose de la délivrer pendant l'état de somnambulisme afin d'observer l'influence de cet état sur les douleurs et sur les contractions.

Très légères et très espacées d'abord, les douleurs se déclarent dans la journée du 30 mars. A minuit elles sont très violentes. L'interne de service endort la patiente, et pendant trois heures tant par suggestion qu'au moyen de frictions légères on l'exempte de souffrir.

Mais, à partir de trois heures et demie, changement de scène. La douleur a rompu ses liens et faire rage. Ni frictions ni suggestions n'ont plus d'effet. D'ailleurs l'attention ne peut plus être fixée. La malade pousse de longs gémissements, s'écrie qu'elle n'en peut plus, qu'elle est à bout de forces, qu'elle souffre trop, implore l'emploi des fers. De fait elle paraît souffrir autant qu'aucune parturiente à l'état de veille.

Et cependant ses paupières restent closes ! Les

soulève-t-on, les yeux sont convulsés (en bas). Tous les phénomènes de catalepsie et d'irritabilité caractéristiques du sommeil nerveux continuent de se produire. Elle n'a pas cessé d'être en état de somnambulisme..... A cinq heures moins un quart l'accouchement est heureusement terminé.

Aussitôt, toujours endormie : « Est-ce une fille ? », demande-t-elle. Et son chagrin est grand d'apprendre que ce n'est qu'un garçon !

Le lit changé, la toilette terminée, on lui souffle sur les yeux ; c'est la réveiller.

Elle se frotte les paupières, les ouvre, se voit entourée, s'en montre surprise et portant la main à son ventre : « Tiens ! qu'est devenu mon ventre ? Ce n'est pas possible ! » Elle ne sait rien de ce qui s'est passé depuis l'instant où l'interne l'a endormie. Informée de son accouchement elle demande le sexe de son enfant ; est désespérée de la réponse.

§ V

Une opération césarienne.

Nous sommes à l'hôpital Saint-Barthélemy de Londres, dans le service du Dr Greenhalgh qui va pratiquer l'opération césarienne. L'excessive sensibilité de la femme exclut absolument l'emploi du chloroforme. Cette malheureuse va-t-elle donc être livrée toute sentante à l'horrible vivisection ? Non.

La voici étendue sur la table ; à sa touchante prière on lui a couvert le visage d'un linge. Le chirurgien trace sur le ventre la ligne opératoire.

Ensuite deux jets extrêmement fins d'éther très pur sont dirigés le long de cette ligne, jusqu'à ce que sur tout son parcours la peau soit devenue tout à fait blanche ; ce qui demande quarante-cinq minutes. Après quoi, sont incisés la peau et le tissu cellullaire sous-jacent. Enfin l'organe sacré est mis à nu.

Elle n'a pas poussé un cri, et son pouls n'a pas varié.

Le jet d'éther est maintenant dirigé sur l'organe intérieur, qu'on ouvre à son tour, et dans lequel le chirurgien plonge la main. La malade lui demande alors ce qu'il fait. Il vient d'amener au monde un enfant vivant.

Craignant une hémorrhagie, on attendit vingt minutes, pendant lesquelles l'accouchée s'entretint tranquillement de ce qui se passait, pour pratiquer les sutures en anesthésiant successivement chaque point, sauf un seul, le premier ; aussi l'application de l'aiguille y fut-elle douloureuse, et elle ne le fut que là.

L'enfant mourut deux heures après. La mère

n'eut pas de fièvre. Les sutures furent enlevées au bout de trois semaines.

§ VI

Prophétesse de son malheur.

> « Il y a peu de choses sur la terre et dans le ciel, Horatio, qu'il n'en est rêvé dans votre philosophie. »   (*Hamlet.*)

Mme X... était une femme selon le cœur de Napoléon. Jeune encore, elle était déjà mère de dix enfants. Ce grand fabricant de morts, toujours en quête de matière première, se fût découvert devant une telle productrice de vivants.

Elle était enceinte pour la onzième fois, et cette dernière grossesse suivait un cours régulier. L'histoire est aussi fraîche qu'une nouvelle du jour, et c'est à Bordeaux qu'elle vient de se passer.

Quoique cette grossesse ne laissât rien à désirer et que toutes les précédentes, au nombre de dix, aient eu la plus heureuse issue, Mme X... avait cette fois des craintes, plus que des craintes : elle déclarait qu'elle en mourrait.

Chose remarquable, l'événement parut se mettre d'abord du côté de ces sombres appréhensions. Les précédents accouchements avaient eu lieu simplement ; dans celui-ci, la présentation se fit mal, et M. Dubreuilh, qui, comme témoin et comme acteur, nous raconte la chose, dut faire une version. Mais enfin il s'en tira habilement, aucun accident ne s'ensuivit, et tout semblait indiquer qu'à cette coïncidence bizarre se réduirait la seule justification réservée aux pressentiments de la jeune femme.

Les jours, en effet, succédaient aux jours, sans que rien ébranlât cette sécurité, et on était arrivé au vingtième. Dès le matin, M. Dubreuilh, étant venu pour voir la convalescente, lui avait permis de déjeuner en famille. Elle s'habillait.

Joyeuse à l'idée de quitter sa chambre, — c'était la première fois, — la pauvre dame s'habillait, aidée par sa femme de chambre. Tout à coup : « Donnez-moi vite de l'éther, » dit-elle à celle-ci.

Et, à peine avait-elle dit, qu'elle tombe comme une masse, foudroyée, la tête dans le foyer : elle était morte...

Comme elle l'avait prédit !

Pas une plainte, pas d'étouffement, ni de convulsions ; la mort avait été instantanée.

A quelle cause l'attribuer ? à une embolie (caillot entravant la circulation) ? Non, puisqu'il n'y avait eu aucun traumatisme. Le médecin y verrait plutôt l'effet d'une myocardite (inflammation du cœur) qui se serait développée sous l'influence des grossesses antérieures si nombreuses et si rapprochées les unes des autres.

§ VII

L'accouchement de Nastasia.

Une jeune femme, vingt-cinq ans, une paysanne, Nastasia E..., c'est en Russie, se trouvait dans une chambre, un grenier apparemment, dont le plancher était percé d'une ouverture sur laquelle, par mesure de précaution une faible plaque de tôle avait été posée. Inadvertance ou témérité, elle se risque sur ce frêle parquet, l'enfonce par son poids, et tombe avec lui; un peu en retard sur lui à l'étage inférieur. Pour comble de malheur il fallut que la tôle en arrivant à la fin de sa chute se trouvât debout et que la malheureuse qui suivait portât sur un des angles de la plaque par le ventre: Elle était enceinte et au dernier mois de sa grossesse.

D'une crête iliaque à l'autre — c'est la largeur entière de l'abdomen — la peau fut crevée et laissa échapper tout ce qu'elle a fonction de recouvrir, les intestins et l'utérus. On déposa la blessée sur un matelas, et trois heures après l'accident elle arriva à l'hôpital de Moscou.

Quand le chirurgien Khandrikow la vit, pâle mais ayant toute sa connaissance, parlant d'une

voix faible mais avec une parfaite netteté, elle
était couchée sur le côté gauche; sur le matelas
portait l'utérus et gisaient les intestins.

Le moindre contact déterminant dans ces organes des douleurs d'une violence extrême, on
anesthésia la patiente, puis on la plaça convena-
blement pour la réduction des parties herniées.
Mais comme le lambeau supérieur de l'immense
plaie s'était rétracté au point qu'il paraissait impossible de le ramener dans sa position primitive,
l'hystérotomie fut décidée. D'ailleurs, les mouvements de l'enfant ayant cessé dès après sa chute,
et son cœur ne donnant pas de battements per-
ceptibles, on n'avait pas grand espoir de l'amener
vivant. On le retira — par une incision de 11 centimètres — dans un état d'asphyxie avancée, dont
il fut tiré par les moyens usités. Dix minutes après
sa terrible délivrance, l'organe s'étant rétracté,
les anses intestinales furent réduites et quelques
points de suture réunirent les bords de la plaie.

Le lendemain, vingt-six heures après la catas-
trophe, la mère mourut, mais l'enfant vit.

§ VIII

La mère et l'enfant se portent bien.

Cette fois, c'est une femme de vingt-deux ans.
Chargée de bouteilles vides qu'elle portait entre

ses bras, elle est descendue à la cave, a fait un faux pas, a laissé échapper toute sa charge, qui s'est brisée bruyamment, et enfin elle est tombée tout de son long sur un lit de verre cassé. J'ai oublié de dire que cette jeune femme était enceinte.

Lorsqu'on la releva, à trois travers de doigt au-dessus de l'ombilic, l'abdomen, ouvert sur une longueur de 8 centimètres laissait échapper, entre les bords nettement sectionnés de la plaie (une de ces plaies comme des cassures de verre peuvent seules en faire), gros comme une tête d'homme de grand épiploon, d'intestin grêle et de côlon transverse.

Trois jours après, la blessée accoucha...

Dix-sept jours après l'accouchement, nonobstant une métro-péritonite, et une pleuro-pneumonie qui vinrent aggraver ces complications, la cicatrisation de l'horrible plaie était complète.

La mère et l'enfant se portent bien.

§ IX

Née à un an d'une mère morte.

Une dame de quarante-sept ans, mère de six enfants, dont le plus jeune âgé de cinq ans, avait depuis six mois la preuve, du moins croyait l'avoir — quoique négative cette preuve, en gé-

néral, ne trompe guère — que sa famille ne
s'accroîtrait plus. Aussi, une tumeur dont elle
s'aperçut, qui grossissait sans la faire souffrir et
acquit alors le volume du poing fut-elle considérée comme fibreuse par le docteur Claveland.
Pendant huit semaines, il fit prendre de l'ergotine
à la prétendue malade, qu'à ce moment il perdit
de vue.

Non pour longtemps. Lorsqu'elle lui revint, la
tumeur avait beaucoup augmenté, et, minutieu-
sement auscultée, elle faisait entendre les bruits
du cœur d'un fœtus.

Enfin, six mois après le premier examen, un
an donc après l'administration de cette preuve
fallacieuse dont nous avons parlé, le médecin fut
appelé en hâte auprès de cette femme. Il la trouva
assise sur son lit, les yeux égarés, la langue saignante ; sortant d'une attaque convulsive. Ce
n'était pas son premier accès. Quant au reste :
il n'y a pas de travail ; elle ne se plaint pas de
douleurs, mais de fatigue. Le docteur la quitte
donc pour revenir deux heures après. A son retour, elle était morte.

Toute morte qu'elle fût, on entendait en elle un
bruit de vie : les battements du cœur de l'enfant.
L'opération césarienne est aussitôt proposée au
mari, qui n'y consent point ; M. Cleveland n'en
court pas moins chercher ses instruments. Mais
le mari persistait dans son opposition ; fut long-

temps à se laisser persuader. Le cœur du fœtus ne s'entendait plus que faiblement. Il y avait bien une heure que l'enfant habitait un cadavre.

C'était une fille. Lorsqu'elle fut amenée au jour, elle était asphyxiée. On la ranima. A sept mois, où s'arrête l'observation, elle était pleine de vie.

§ X

Mort-né à huit ans d'une mère morte.

»A l'hôpital de Petropolis (Brésil) service de M. Fort ; nous sommes chez un compatriote. Une mulâtresse de trente-cinq ans, affligée d'une tumeur abdominale qui la gêne considérablement, qui l'empêche de travailler et lui rend la vie insupportable, demande à en être débarrassée. Difficile d'ailleurs de lui arracher une parole. N'étaient les vives douleurs qu'elle éprouve, aucun symptôme particulier ne déterminerait le chirurgien à pratiquer l'opération. Toutes les fonctions s'accomplissent régulièrement. Diagnostic : tumeur fibreuse de siège indéterminé, probablement de l'ovaire. On se mit en devoir de pratiquer l'ovariotomie.

Le travail dura une heure. J'entends qu'on n'arriva sur la tumeur qu'après une heure d'un travail des plus pénibles de dissection, de ligatures, attouchements au perchlorure de fer. Enfin, elle fut extraite.

La forme est d'une tumeur fibreuse, irrégulière. C'est dur et c'est lourd. Elle tombe comme une pierre sur le plancher. Pour s'assurer de sa nature, M. Fort, d'un coup de couteau, la partage en deux.

C'est un fœtus !

Du sexe féminin ; bien conformé ; d'une couleur jaunâtre rappelant assez celle d'un poulet rôti, bien doré. Aucune trace de pigment, quoique ayant pour auteurs une mulâtresse et un nègre ; mais des cheveux crépus et très noirs.

Alors la langue de l'accouchée se délia. Elle raconta que, huit ans auparavant, elle s'était crue enceinte, qu'elle avait préparé la layette de l'enfant attendu, qu'à l'époque où elle avait cru devoir accoucher elle était allée trouver la sage-femme. Mais peu à peu les mouvements avaient cessé ; et de ses espoirs de maternité il ne lui était resté qu'une tumeur.

Cette tumeur n'en était pas moins un fœtus, fœtus extra-utérin âgé de huit mois, aux tissus indurés ; la peau, en particulier, était dure comme un épais parchemin.

Quoique depuis longtemps il n'eût plus besoin de rien, les bouteilles auxquelles il ne devait pas boire se remplirent comme s'il eût dû y puiser ;

de l'une d'elles, l'opérée tira un jour une demi-tasse d'un lait de fort bonne apparence.

Comme tout est étrange dans cette observation, en quinze jours la femme sortait de l'hôpital parfaitement guérie.

Sauf respect :

C'était dans une hacienda de deux mille têtes. Une hacienda est une ferme où le gros bétail est élevé en liberté. Les bêtes étaient généralement maigres et en mauvais état. Une vache qui faisait exception, belle, en parfait état de graisse, dut à ses mérites d'être abattue pour la consommation. Jamais dans cette ferme existant depuis une douzaine d'années on n'avait encore vu de bête aussi grasse. Celle-ci n'avait pas vêlé depuis deux ans. Lorsqu'on l'eut ouverte, on trouva, à l'état de dessiccation complète, sans signe aucun de putréfaction, un veau de six à sept mois mort depuis une année au moins.

§ XI

Trio de mâles.

Au mois de mars 1886, M. Lehman — Français — fut appelé auprès d'une femme en mal d'enfant.

Mme D..., vingt-neuf ans, mariée depuis huit ans, allait être mère pour la première fois.

Le docteur diagnostiqua tout de suite une grossesse double.

Et en effet, après être accouchée d'un enfant qui, pour être né dans un pays libre, n'en est pas moins né dans les fers, Mme D... en mit au monde un second qui y fit une entrée tout à fait naturelle.

Mais déjà M. Lehmann s'était aperçu que ses prévisions seraient dépassées.

Après le second un troisième ! Et celui-ci, le jour où la France l'appellerait sous les drapeaux pour le salut ou pour l'honneur, serait en droit de dire comme son aîné : Le fer, ça me connaît !

Tous garçons, tous citoyens, tous soldats des droits de l'homme !

Et bien constitués quoique petits ; mais d'abord, de la petitesse la nature peut rappeler ; ensuite ce n'est pas par la taille qu'ils furent grands ceux qui, à l'appel de la patrie en danger, se ruèrent d'un mouvement irrésistible sur l'envahisseur.

Le second citoyen était le plus grand : 47 centimètres ; un de plus que chacun de ses deux frères. Il était aussi le plus lourd. C'était encore celui dont la carnation était la plus vive. Le troisième était exsangue et il fallut le frictionner pendant cinq minutes.

Douze jours après sa délivrance, Mme D... reprenait ses occupations habituelles. La digne damé donne le sein à tout son troupeau, mais comme elle n'a pas autant de lait que d'amour elle supplée à l'insuffisance du premier par le biberon qui, donné avec le second — lequel est la lumière des lumières — sera ici sans inconvénients.

Le vingt-cinquième jour, c'était le 13 mai, M. le docteur Lehmann donnait à la Société médico-pratique d'excellentes nouvelles de cette intéressante famille : « La mère se porte à merveille .. les enfants prospèrent et engraissent [1]. »

Tout étant bien qui finit bien, on voudrait pouvoir dire : voilà un exemple à encourager. Au moins peut-on désirer que l'aide nationale soit, en cas de besoin, légalement et affectueusement acquise aux parents qui ont la douce et pesante charge de pareils cadeaux faits à la patrie. Et d'ailleurs, si profondément impressionnable, si mystérieux aussi est le sublime organisme maternel ! Qui peut dire avec assurance que cette aide, affectant son véritable caractère, dispensé, à titre de réciprocité, comme acquit d'une dette, en témoignage de la reconnaissance publique, n'agirait pas, en effet, à la manière d'un encouragement [2] ?

[1] D'après le *Journal de Médecine de Paris*.

[2] Il vient de se passer à Limoges un fait peut-être sans exemple et digne d'être signalé.

Le 17 août, à neuf heures du matin, se sont présentés au

§ XII

Quintettes.

Une femme de vingt-sept ans, enceinte pour la troisième fois, accoucha d'un enfant petit ; quoique à terme, on ne lui eût pas donné plus de six mois et demi de vie utérine ; d'ailleurs parfaitement conformé. *All right !* C'était un garçon.

Mais, le travail n'était pas fini. Nouvelles douleurs. Extraction rapide d'un second garçon qui est en tout la répétition du précédent et, comme celui-ci, s'est présenté de la manière la plus correcte.

Nouvelle reprise des douleurs, et troisième exemplaire conforme, obtenu dans des conditions identiques.

Quatrièmement et cinquièmement : Deux autres enfants, tous deux mignons, bien conformés tous deux, et, garçon encore le quatrième, mais fille enfin ! le cinquième.

Ce fut tout.

bureau de recrutement de cette ville trois frères jumeaux, MM. Georges, Hippolyte et Marcel Ducombeau, nés le 31 mai 1867, à Rochechouart (Haute-Vienne).

Ces trois jeunes gens, fils de M. Ducombeau, ancien juge d'instruction à Rochechouart, ont contracté au même régiment, le 131e de ligne, un engagement volontaire de cinq ans. (*Rappel* du 22 août 1886.)

Au total quatre mâles et une femelle entrés dans la vie le plus simplement du monde.

Les suites furent des plus heureuses pour la jeune mère. Pas d'hémorrhagie, les organes s'étant d'eux-mêmes et tout de suite réintégrés. Mais les enfants ne vécurent pas. Ce fut la petite fille qui alla le plus loin ; elle ne dépassa pas cinq heures. L'exemple de cette naissance quintigémellaire [1] n'est donc pas de nature à exciter l'émulation des dames françaises. C'est regrettable. Dans le système de Robinet, auteur au siècle dernier d'un *Essai sur la nature qui apprend à faire l'homme ;* ce serait une école de la nature qui apprend à faire la femme-lapine.

Russie. Gouvernement de Riazan. District de Sapojok. Village de Soraï.

Une femme de vingt-sept ans, mariée depuis neuf ans, enceinte pour la septième fois, et arrivée à son sixième mois, vient aussi de mettre au monde [2], à quelques minutes d'intervalle, cinq enfants tous vivants, mais dont aucun non plus n'a vécu.

Le premier était microcéphale, c'est-à-dire atteint d'un arrêt de développement de la tête ; il n'avait en plus ni doigts ni orteils. Les quatre

[1] Emprunté à l'*Abeille médicale.*
[2] Ecrit le 4 juin 1886.

autres étaient normaux. L'observation est due au
Dr Poliakoff.

Pendant qu'il la faisait en Russie, M. Mante-
gazza en faisait une pareille à Florence.

Pareille, s'entend, quant au nombre des jumeaux, car ni l'anomalie signalée, ni la délivrance prématurée ne sont inhérents à ces naissances multiples ; mais les détails manquent.

L'innocence est encore de ce monde.

— Quel est ce monsieur ? demandait-on à un
jeune aspirant au baccalauréat, fils d'un colonel
de pompiers.

— C'est M***, un médecin qui met les enfants
au monde. C'est lui qui a accouché ma petite
sœur.

LIVRE IV

LES BÉBÉS

I

Césarine.

La plainte si douloureuse et si naïve que l'auteur des *Misérables* met dans la bouche d'une petite pensionnaire, d'une enfant trouvée qui, entendant ses compagnes parler de leurs mères, s'écrie : *Moi, ma mère n'était pas là quand je suis née !* cette touchante parole me revient à l'esprit au moment de vous faire part de la naissance de Césarine B...

Sa mère, jeune ouvrière, entrée à l'hôpital dans le neuvième mois de sa grossesse, y meurt au milieu de violents accès convulsifs pendant lesquels elle devenait complètement insensible. A peine a-t-elle cessé de souffrir que l'interne de service, M. Molinier, appelant à son aide les dernières ressources de l'art, procède au sauvetage de l'enfant. C'est une petite fille très forte et très bien constituée et qui ne laisse rien à désirer, sauf qu'elle paraît morte.

Mais la science ne lâche pas aisément sa proie. L'interne pratique l'insufflation bouche à bouche, et longtemps sans aucun succès. Enfin son dévouement triomphe, l'enfant pousse un cri ! On lui a donné le nom trop bien justifié de Césarine, et puis, hélas ! on l'a envoyée aux Enfants Assistés.

Elle pourra dire qu'elle est née morte d'une mère absente (de l'irrévocable absence) et que le seul des auteurs de ses jours qui aît été présent à sa naissance n'avait pas connu sa mère.

II

Reviviscence.

§ 1

Un enfant venait d'être extrait par le forceps (à la Maternité), on eût pu le croire mort. Vainement, pour le ranimer, essaya-t-on pendant quelques minutes de tous les moyens ordinaires. En désespoir de cause, M. Depaul, alors étudiant, fut chargé d'insuffler de l'air dans les poumons. Ecoutons-le : « J'avoue que je ne comptais nullement sur un résultat heureux, tant la situation de l'enfant me paraissait grave. En effet, avant de commencer, voulant m'assurer de l'état du cœur, il me fut impossible de trouver le moindre frémissement de cet organe. Cependant, j'avais à peine fait une douzaine d'insufflations que déjà la contractilité du cœur se réveillait ; quelques pulsations, lentes et faibles d'abord, se faisaient sentir. Bientôt elles augmentèrent, et je pus en compter de 30 à 40 par minute. Au bout d'une heure, la respiration avait acquis sa fréquence normale. Cet enfant resta faible pendant quelque temps. Il fut conservé plusieurs jours dans l'établissement, et, lorsqu'il le quitta, il emporta les mêmes chances de vie qu'un enfant qui naît dans les mêmes conditions. »

§ 2

Appelé en toute hâte par un jeune confrère auprès d'une dame qui venait d'accoucher, le même médecin trouva que cette dame, qu'on avait crue en danger, allait au contraire fort bien, et, ayant rassuré le médecin et la malade, il allait se retirer, quand, au moment de franchir le seuil :

— Et comment va l'enfant ? demanda-t-il.

— Il est mort sans avoir respiré.

En parlant ainsi, on retirait le petit corps d'un

drap dans lequel il avait été enveloppé avant
d'être déposé sous la table. Mais laissons encore
M. Depaul parler :

« J'étais alors, a-t-il raconté, dans toute l'ardeur de mes recherches sur la respiration artificielle chez les nouveau-nés. Je tirai donc de ma
poche un tube laryngien et me mis en devoir
d'insuffler le petit asphyxié. Il se passa deux
heures entières avant qu'il se ranimât. Aujour-
d'hui il est auditeur au conseil d'Etat. »

§ 3

Une femme en travail. C'est une primipare.
Grave complication : des convulsions (*éclampsie ;*
quoique le dictionnaire de Littré la définisse
ainsi : affection convulsive des enfants dans le
bas-âge). Il fallut mettre l'enfant aux fers. Trois
médecins, dont le narrateur, M. Goyard, s'empres-
saient auprès de la malade. Que vouliez-vous qu'il
fît contre trois ? Il entra mort dans la vie. Les
battements du cœur avaient cessé. Pendant près
de deux heures, pour les faire renaître, le médecin ci-dessus, aidé de deux confrères, employa
tous les moyens de résurrection usités en pareil
cas, savoir : frictions avec un linge chaud, respiration artificielle, électricité, etc., inutilement.
Aucun signe de vie. L'enfant s'était complète-

ment refroidi. Ce n'était plus qu'un cadavre.
« Nous allions nous retirer », raconte M. Goyard
dans une note adressée à l'Académie des sciences
et à la Société de médecine pratique, quand un
souvenir surgissant dans leur esprit rendit aux
médecins quelque espérance ou du moins leur fit
un devoir de tenter un nouvel essai.

C'était le souvenir d'une note publiée en 1872
dans les Comptes rendus de l'Académie, par M. le
Dr Gustave Le Bon, qui, dans cette note, donne
pour certain que par immersion, dans un bain
d'eau chauffée graduellement de 38 à 48 degrés,
de jeunes animaux asphyxiés sont revivifiés. Le
procédé, resté à l'état d'invention de laboratoire,
n'avait pas jusque-là attiré l'attention des prati-
ciens.

Revenons à notre nouveau-né.

« La situation étant désespérée — c'est
M. Goyard qui parle — tout pouvait être essayé.
Je fis chauffer de l'eau. que je fis maintenir de
45 à 50 degrés, et j'y plongeai l'enfant jusqu'au
cou. A notre grand étonnement, il ne s'était pas
écoulé trente secondes qu'un premier mouvement
inspiratoire, bientôt suivi de plusieurs autres, se
manifesta. Au bout de cinq minutes, l'enfant était
plein de vie. »

La chaleur agirait ici, d'après M. Gustave Le
Bon, en réchauffant le sang et, d'après M. Goyard,
en excitant les nerfs périphériques de la peau,

« d'où résulte une influence sur le bulbe et une action reflexe consécutive ».

Le nombre des enfants nés en état de mort apparente, qu'on ne parvient pas à ranimer par l'emploi des méthodes actuelles, est malheureusement assez grand pour que l'occasion de contrôler les heureux résultats qui précèdent ne se fasse pas longtemps attendre.

§ 4

Deux chiens de quatre jours prirent le parti de mourir, de conserve, sans dire pourquoi. C'était ce qu'ils avaient de mieux à faire, n'étant que des chiens de laboratoire, qui, catholiquement parlant, sont comme les juifs et les maures de ces églises-là. Un beau matin donc, à huit heures, le sacristain du lieu les trouva sans vie. L'un avait reçu la question de l'aconitine (en injections) ; l'autre n'avait rien reçu encore : cela n'expliquait pas leur fugue.

Les Egyptiens, usage admirable, jugeaient leurs morts, ce qui diffère de l'éloge historique ; il s'agissait de savoir de quel droit ces chiens étaient partis. Le jour même, à quatre heures du soir, notez cela, huit heures au moins par conséquent après leur décès, M. Coudereau, c'est lui qui raconte le fait, se mit en devoir de procéder à leur interrogatoire en les autopsiant. Comme il allait le faire, un mouvement à peine perceptible de la lèvre d'un des petits morts attira son attention. Il eut alors l'idée de le réchauffer pour voir. Et l'ayant tenu pendant une dizaine de minutes au-dessus d'un bec de gaz, il le vit se ranimer peu à peu. Si bien que ce nouveau Lazare ne tarda pas à se promener dans le laboratoire. *Alas ! poor dog !*

Quant à l'autre chien, il n'avait donné aucun signe de vie ; néanmoins, pendant qu'on y était, on le réchauffa tout comme l'autre et avec le même succès, de sorte que les deux frères, car le même sein les avait portés, furent rendus ensemble à la mère.

Pour en finir avec eux, le lendemain matin, l'un était mort, c'est celui sur lequel les injections avaient été faites, mais elles n'étaient pour rien dans le dénouement ; la cause révélée par l'autopsie résidait dans une solution de continuité de l'intestin.

L'autre ? L'autre chien avait disparu.

Mais, ce n'est pas pour les beaux yeux de la race canine qu'est racontée ici l'histoire de deux de ses moindres représentants. C'est dans notre intérêt à nous, et parce que cette histoire justifie les conclusions que l'auteur en tire, et que voici :

« 1° Que chez les nouveau-nés la vie peut

persister de longues heures, malgré l'état de mort apparente ; 2° qu'il y a lieu de recourir, en dehors des manœuvres respiratoires, à l'intervention de la chaleur, avec plus d'insistance, peut-être, qu'on ne le fait généralement. »

Citons encore ceci :

« Au mois de décembre 1854, un enfant naît à la Maternité de Toulouse. Il ne donne aucun signe de vie ; l'oreille appliquée à la région précordiale ne fait percevoir aucun bruit. M. Collongues y applique un dynamoscope ; le bourdonnement est si développé qu'il se refuse à croire à la mort réelle. En effet, un bain chaud, des frictions, l'insufflation bouche à bouche, l'électrisation ramenèrent momentanément la vie dans ce petit corps. »

§ 5

La revivification est une des propriétés de l'être humain sur l'étendue desquelles on s'est le plus trompé. Non seulement on a dû se tromper sur les signes de la mort, prendre la plus grossière apparence de celle-ci pour la réalité — empêché même par l'excès de l'ignorance et de la superstition de profiter, sur ce sujet, des résultats de l'expérience, puisque tout léthargique reprenant ses sens ne pouvait être qu'un mort ressuscité ;

— s'il n'y avait eu que cela, l'état de la science ne laisserait guère plus rien à faire.

Mais, on s'est trompé non moins inévitablement sur la puissance des ressources au moyen desquelles on peut victorieusement disputer à la mort l'être dont rien ne prouve déjà plus qu'elle ne s'est pas déjà emparée. Il y a là, dans le court espace de temps que nous avons en vue, il y a place pour une des plus grandes péripéties du drame de la vie. C'est une branche de médecine à créer : la médecine résurrectionnelle, dont la possibilité, suffisamment démontrée par les résultats merveilleux d'observations isolées que nous avons toujours enregistrées avec soin, moins comme curieuses que comme prophétiques. Ces observations sont assez nombreuses, assez variées pour faire naître, chez un expérimentateur capable, l'ambition d'en compléter le système et d'en déduire les règles d'une pratique générale.

Il en est de la revivification comme de la régénération des parties portée si loin chez un grand nombre d'animaux, même chez des vertébrés, et qu'on a cru n'appartenir qu'aux animaux. En ce qui concerne la seconde de ces propriétés, les reproductions osseuses, la greffe, etc., nous ont appris à quoi nous en tenir sur son caractère exclusivement zoologique ; elles nous préparent de plus à ne pas nous étonner si la première n'était pas non plus le privilège de l'animalité. Il n'y a pas de propriété animale qui, sous une forme et à un degré quelconques, ne se rencontre naturellement chez l'homme et n'y soit susceptible de culture, ou dont l'équivalent ne puisse nous être communiqué par industrie : car nos armes, nos outils, nos machines sont des organes artificiels que nous avons puissance de nous donner, et par le moyen desquels nous réalisons en nous et surpassons toutes les propriétés des êtres animés.

Ce sont de véritables postiches, organes surajoutés, annexes physiologiques, des espèces d'appareils prothétiques faits pour obvier à nos apparentes infirmités naturelles ; apparentes puisque l'esprit collabore chez nous à notre organisation avec le principe de la vie et nous comble de tout ce dont celui-ci ne peut nous douer. Trois séries de faits sont indicatrices des découvertes à faire sur nous-mêmes et des inventions à réaliser à notre profit, savoir : la physiologie animale, c'est ce que nous venons de dire, la pathologie humaine et la fiction. J'y reviendrai. Pour ce qui est de la revivification, il y a toujours lieu de chercher à en reculer les limites, que nous ne devons jamais regarder que comme relatives à nos moyens d'action. Elle doit indéfiniment bénéficier du progrès de nos connaissances et des applications biologiques.

§ 6

Vers quatre heures et demie de l'après-midi une pauvre fille, une servante, âgée de vingt-trois ans, fut subitement prise des douleurs de l'enfantement. Elle était seule. Appuyée contre un mur, elle opéra elle-même sa délivrance et perdit aussitôt connaissance. Lorsqu'elle revint à elle, son enfant était par terre ; une bêche renversée appuyait sur lui son tranchant ; il était froid : elle le crut mort. L'enveloppant dans son tablier, elle se rendit dans le jardin, creusa une fosse, y mit l'enfant, la face tournée vers le fond, et le recouvrit de terre. Quelques heures plus tard, pressée de questions, effrayée, elle avouait tout.

A neuf heures et demie environ, l'enfant fut déterré. Il était froid et paraissait totalement privé de vie. Néanmoins une sage-femme l'emporta et lui lia le cordon. Pendant deux heures, le chirurgien fit tout ce qu'il put pour le ranimer. Enfin le petit être respira d'abord faiblement, puis poussa des cris. Confié à une nourrice il prit avidement le sein. Le quatrième jour, des convulsions mirent fin à sa vie. Cette observation, qui est due à M. le D\u1d63 Marschka, a été publiée dans la *Gazette hebdomadaire de santé*.

§ 7

J'extrais ce qu'on va lire de l'acte d'accusation
porté contre une jeune fille que la Cour d'assises
des Ardennes à eu à juger en avril 1859.

« Le 6 février dernier, le sieur Hiermaux, habitant le village de Poischez, aperçut l'accusée
qui se trouvait seule à la maison, ses parents
étant allés aux vêpres ; elle était sur le seuil de
sa porte, pâle, défaite, semblant à peine pouvoir
se soutenir. Il lui demanda si elle souffrait ; elle
lui répondit qu'elle avait froid. Hiermaux fit quelques courses dans le village, puis partit au-de-
vant de sa femme qu'il attendait. A peine avait-il
fait quelques pas hors du village que, en traver-
sant une fondrière, il aperçut des taches de sang ;
il les suivit et arriva jusqu'à un endroit situé à
soixante mètres environ de la maison de l'accusée.
La terre en était fraîchement remuée ; il enleva
quelques touffes de gazon, fouilla le terrain, et, à
une profondeur de cinq à six centimètres, découvrit le corps d'un enfant nouveau-né, nu,
froid, et ne donnant plus signe de vie ; la bouche
était remplie de terre, et quelques contusions se
remarquaient sur les épaules et le front. Cédant
à un préjugé aussi absurde que barbare, craignant,
comme il l'a dit, de se compromettre, il remit le

pauvre petit être à la même place, le recouvrit de terre et de gazon, et retourna au village prévenir le maire. Celui-ci accourut accompagné du sieur Didot, qui déterra de nouveau l'enfant, lui enleva, à l'aide d'un tuyau de pipe, la terre qui avait été enfoncée et pressée avec force jusque dans le gosier, le frictionna et eut l'heureuse idée de faire saigner le cordon ombilical. L'enfant, après une heure environ de soins dévoués et intelligents, remua les bras, puis respira ; il était sauvé, et, depuis ce moment, sa santé a été parfaite. »

§ 8

Dans une maison de A... naquit, vers midi, un enfant qui ne donnait aucun signe de vie. Pendant plus d'une heure, diverses tentatives furent faites, mais en vain, pour le ranimer. La peau avait pris une coloration bleuâtre, la chaleur avait disparu ; il était bien mort. Trois heures après sa naissance on le tira du lit et l'alla déposer dans une chambre qui n'était pas chauffée.

On était au mois de janvier, il faisait très froid. Vers le soir, le cadavre fut mis en bière. Pendant l'opération, un long clou déchira la peau de l'enfant mort-né. On ferma le cercueil. Les fenêtres restèrent ouvertes pendant toute la nuit.

Le jour suivant, vers onze heures, vingt-trois

heures par conséquent après la naissance, le docteur Mazschka déjà nommé, se trouvant par hasard dans la maison, on le pria d'examiner l'enfant. Le corps était complètement froid et bleuâtre, les yeux et la bouche étaient fermés, les articulations des extrémités étaient mobiles ; point de traces de rigidité, ni aucune taché cadavérique.

« Etonné de cette dernière circonstance, mais sans mettre en doute la mort de l'enfant, je posai le stéthoscope sur la région du cœur plutôt par complaisance que pour aucune autre raison — c'est le médecin qui parle. — Quelle fut ma surprise ! J'entendis, faiblement à la vérité, et à de longs intervalles, mais j'entendis distinctement les bruits du cœur. Il était impossible d'apercevoir le choc de cet organe contre la paroi thoracique on de voir un mouvement quelconque dans l'espace intercostal correspondant. Aussitôt on reprit les tentatives pour ranimer l'enfant, mais tout fut inutile. »

A l'autopsie, les poumons, d'un rouge foncé, ne contenaient pas d'air ; ils étaient plus lourds que l'eau. Le cœur était normal, renfermant un peu de sang dans la moitié de la cavité gauche.

III

Les bébés dans la couveuse.

Pour produire un poulet, l'œuf a besoin de chaleur et d'air.

L'air fourni par l'atmosphère entre dans l'œuf par les petits trous dont la coquille est criblée et s'amasse dans le gros bout entre les deux membranes épaisses qui tapissent la coque. Il est tellement nécessaire que si on l'empêchait d'entrer, en enduisant la coque de vernis on aurait beau fournir à l'œuf toute la chaleur convenable pendant tout le temps voulu, jamais on n'aurait de poulet. C'est que comme tout ce qui est vivant, l'œuf doit respirer sous peine de mort, et il vit dès qu'il ressent les effets de l'incubation. Le produit de la respiration est de l'acide carbonique, cela va sans dire, lequel est rejeté au dehors à travers les pores de la coquille.

Quant à la chaleur, c'est la poule accroupie sur ses œufs qui la donne à ceux-ci. Elle leur donne la propre chaleur de son corps et ne donne que cela. La preuve, c'est qu'on peut se passer d'une poule pour mener des œufs à bien. Nous avons même eu à Paris des établissements d'incubation artificielle où, dans des chambres chauffées par des calorifères, on fabriquait des centaines de poulets à la fois. Cette industrie était pratiquée en Égypte, bien avant de s'essayer chez nous. Dans une des îles Philippines, dans la charmante Luçon, les calorifères sont remplacés par de pauvres diables qui pendant vingt et un jours se tiennent étendus sur des paniers remplis d'œufs.

On fait maintenant ici, pour les besoins de l'industrie agricole, des couveuses artificielles qui ne laissent plus rien à désirer.

Or, un constructeur de couveuse artificielle reçut un jour, du directeur de la Maternité, la commande d'une couveuse... pour enfants !

Non pas d'un joujou pour les amuser, mais d'un appareil pour les élever : une boîte d'où l'on verrait sortir au lieu de poulets, des bébés.

Une couveuse pour bébés. Le mot fait rêver. Mais il ne s'agit que de l'élevage des enfants qui, prématurément, passent du sein maternel dans le grand milieu commun, pareils à de petits oiseaux qui, incomplètement couverts de plumes, seraient expulsés d'un nid doux et chaud. Un rare exemple de naissance précoce est celui de Fortunis Liceti, qui vint au monde à six mois. « Il était aussi petit que la main, raconte Van-Swieten, et son père eut recours à la chaleur du four pour l'élever ; il vécut cependant jusqu'à soixante-dix-neuf ans. » Le fameux Bébé (nain du roi de Pologne) naquit dans les mêmes conditions. Mais en général l'enfant n'est viable qu'à partir du septième mois. Encore demande-t-il des soins extrêmes. La grande difficulté est de le tenir constamment au degré de chaleur nécessaire. Frappé de la régularité avec laquelle fonctionnent les incubateurs artificiels, le directeur de la Maternité pensa que les enfants venus avant terme pourraient trouver dans les tiroirs de ces appareils la température uniforme, et chaude indispensable à leur achèvement.

La mère d'Ivan Wassiliéwitch, né dans le gouvernement russe de Kostroma et dont la photographie a été récemment présentée à la Société d'anthropologie de Moscou[1] pourrait réclamer la priorité à l'invention.

Prenez votre mètre et dressez-le devant vous : c'est la taille exacte d'Ivan Wassiliéwitch, âgé aujourd'hui de cinquante et un ans, bien grand âge pour lui, à en juger par sa figure vieillote.

Les Akkas, dont Schweinfurth, pendant son séjour chez les Mombouttous, découvrit l'existence, ont de 1 ^m, 30 à 1 ^m, 50, ce qui leur suffit pour chasser l'éléphant. Le nain russe est donc petit à côté de ces pygmées, ce qui ne l'empêche pas d'être encore bel homme pour un nain, puisque Bébé, déjà cité, puisque Barwilowski, nain de la comtesse Humieszka, et Jeffery Hugdson, nain de la duchesse de Buckingham, avaient le premier

____

[1] Par M. le Dr Benzengre.

89, le second 76 et le dernier 56 centimètres, soit 2 ᵐ, 11 à eux trois et 73 centimètres et demi en moyenne.

Les membres d'Ivan Wassiliewitch sont bien proportionnés. L'oreille est grande, mais bien faite. Il n'a jamais eu de dents de sagesse, ni même tout son nombre des autres. Il n'est pas inintelligent, c'est tout l'éloge qu'on en fait; mais peut-être y aurait-il mieux à en dire si son instruction n'était nulle.

Il est le dernier né d'une famille de six enfants, tous de taille ordinaire et bien constitués. Sa mère, chez qui la pitié commune pour cette inexplicable disgrâce se convertissait, parce qu'elle était la mère, en adoration de l'innocente victime, le voyant si réduit, si malingre, fit le possible et l'impossible, l'impossible surtout, pour le guérir; jusqu'à employer la recette suivante : elle l'enveloppait de pâte comme la pomme d'un chausson, et, posé sur une grande pelle, l'enfournait dans un poêle bien chaud. On ne dit pas ce qu'on faisait de la pâte dans laquelle il n'est pas nécessaire de dire ce que le petit pouvait faire.

Allons maintenant à l'Académie de médecine où M. Tarnier retire de leurs couveuses deux pauvres bipèdes sans plumes, qu'il présente à l'assemblée [1].

____

[1] En août 1885.

D'abord un enfant qui, misérablement entré dans la vie deux mois auparavant, était, entré à l'âge de trois jours à la Maternité, ayant perdu depuis qu'il était au monde le onzième de son poids, réduit juste à 1 kilogramme.

Ensuite une jumelle née à six mois, il y a six semaines, à la Maternité même, à peine formée, comme gélatineuse, presque transparente, ayant le poids moyen d'un fœtus d'un peu moins de cinq mois, soit 1,020 grammes, qui se réduisirent rapidement à 850 grammes.

On les mit chacun dans sa couveuse et chacun reçut toutes les heures huit grammes de lait. De plus, la nourrice en laissait de temps en temps tomber quelques gouttes dans leur bouche. Ils profitèrent si bien qu'ils purent être nourris exclusivement au sein, le premier à partir de son vingt-cinquième jour, et le second du trente-quatrième, et qu'ils furent retirés de la couveuse celui-là vingt et un jours et celui-ci quinze jours après ce changement de régime. Enfin, au moment de la présentation, l'enfant de deux mois pesait 1,500 grammes, celui de six semaines en pesait 955, et tout faisait espérer que ce dernier vivrait.

Partant de là, M. Tarnier insistait avec beaucoup de raison sur les services que dans les cas de naissance prématurée la couveuse et la gaveuse peuvent rendre.

Et le président de l'Académie, M. Bergeron,

remerciait M. Tarnier d'avoir appelé l'attention sur des procédés d'élevage qui peuvent conserver à la France quelques-uns de ses enfants : « Quand on est pauvre, il n'y a pas de petites économies. »

C'est aussi quand on est pauvre qu'il faut penser à s'enrichir. En même temps qu'on s'ingénie à sauver ces petits êtres souffreteux, ce qui est une œuvre pie, songeons patriotiquement aux moyens de relever notre natalité, ce qui peut être une œuvre de salut. Peut-être est-ce le sentiment de cette nécessité qui nuançait d'ironie et de mélancolie l'humoristique félicitation du président à l'orateur.

Mais M. Tarnier n'eût-il pas été fondé à répondre que justement la couveuse et le gavage apportent aux pauvres que nous sommes, s'ils savent s'en servir, le moyen de passer bientôt riches ? En effet, dès que, grâce à ces nouveaux procédés, six mois peuvent suffire pour faire un enfant, n'est-il pas à espérer que des dames qui se dispensent d'en avoir parce que les anciens procédés ont cessé de plaire, parce qu'ils demandent trop de temps, parce que l'enfant établi aussi lentement devient trop lourd et trop gros, pourront se laisser convaincre d'essayer de méthodes perfectionnées, moins incompatibles évidemment avec les convenances, devoirs et supériorités de la femme moderne ? Il semble qu'on sera bien fort quand on pourra lui dire, quels que soient ses goûts, ses

travaux, ses plaisirs, ses diplômes, sa compétence
scientifique, sa capacité politique, ses ambitions,
sa masculinité d'esprit : « Madame, nous avons
changé tout cela : six mois suffisent désormais,
et quels mois ! les premiers, les meilleurs par conséquent, des mois de plume pour la fatigue et
pour le volume des mois de guêpe. Quant au dé-
noûment, il n'existe plus vraiment que pour mémoire. Enfin, madame, *cito et jucundè*, c'est la
devise des nouvelles méthodes de maternité. »
C'est ainsi, ce semble, que la *Gazette des hôpitaux* comprit la chose :

« Voilà presque réalisé, écrivait-elle, la donnée
plaisante d'un opuscule satirique qui eut un grand
succès dans le siècle dernier, *Concubitus sine Lu-
cinâ :* les enfants mis au monde prématurément
et élevés dans un appareil qui représenterait pour
eux l'utérus, sans que leurs mères eussent éprouvé
les grandes douleurs de l'accouchement à terme. »

Nous ne connaissons pas ce *Concubitus sine
Lucina,* mais nous avons indiqué ci-dessus [1],
comme sujet de recherches pour les expérimentateurs à la Spallanzani, le *Lucina sine concu-
bitû*, qui simplifierait encore plus que la couveuse
et le gavage le travail des mères, et créerait une
occupation lucrative à des femmes en peine de
gagner leur vie.

[1] Page 32.

LIVRE V

L'ORDRE DES MÈRES

I

L'ordre des mères.

« Nature — dit Plutarque — a fait descendre à bas, sous le ventre, les têtes (mamelles) de tous les animaux ; mais à la femme, elle les a attachées à la poitrine, en assiette propre pour pouvoir baiser, embrasser et caresser son enfant en l'allaitant. »

Où la foi de Plutarque voyait un dessein, une autre foi n'admet aujourd'hui qu'une rencontre. Les fractions de mères qui, comme si un enfant à finir était un vaudeville à achever, cherchent une

collaboratrice pour l'allaitement, comme elles cher-
cheraient un collaborateur pour des couplets, ces
lâcheuses doivent tenir pour la foi nouvelle. Si
l'expression est basse, c'est que l'action n'est pas
haute.

Pas de règle sans exception. Il y a des cas
très rares où une mère ne peut nourrir, comme il
y a des cas également rares où il est permis de
tuer. Mais de même que l'auteur d'un meurtre
licite doit se justifier, la mère qui sciemment fait
courir à son enfant les chances funestes parfaitement connues de l'allaitement mercenaire, et
volontairement court elle-même les chances d'un
infanticide involontaire, cette mère doit être au
moins justiciable des sévérités de l'opinion. Il faudrait qu'enfin, dans leur sphère d'influence morale,
les honnêtes gens se regardassent comme investis
par l'autorité que peuvent leur donner l'âge, le
caractère, l'expérience, la position, la parenté,
d'une magistrature d'opinion en cette matière ; il
faudrait qu'ils eussent le courage et la conscience
d'exprimer, selon les cas, leur approbation ou
leur blâme, et de déclarer, en bons jurés, coupables ou non coupables les mères dont il s'agit,
au lieu d'accorder tacitement à toutes le bénéfice
d'une déplorable indifférence. C'est le devoir des
patriotes. Nous périssons, si nous n'arrivons à
rectifier les mœurs sur ce point.

Les maris autrement risibles que les membres

de l'Institut qui faisaient tant rire; à bon droit, Gavarni, sont aussi de mauvais juges. Les maris mériteront éternellement de servir de plastrons à la muse comique. « Si pour accoucher — disait M. de Girardin — une femme pouvait se faire suppléer par une autre, combien de femmes grosses prétendraient qu'il leur est impossible de mettre leurs enfants au jour. Elles le diraient; les maris le répéteraient... » A plus forte raison se laisseront-ils persuader qu'elles ne peuvent nourrir. Tel qui, par longue habitude d'esprit, par ferme principe scientifique et par devoir professionnel, s'interdit absolument de jamais résoudre la moindre question *a priori*, tiendra pour démontré que sa femme, actuellement grosse, sera une mère infirme, incapable de mener son enfant à bonne fin et la dispensera de faire la preuve de son incapacité. Il n'y a pas grand'chose à attendre des maris, les caractères étant si rares.

Considérant les effets inévitables de l'alimentation mercenaire, effets à leur maximum dans le cas de ce qu'on nomme « les nourrices sur lieu », — ces effets sont : l'immoralité et la mortalité accrues, dont la première sévit sur les époux nourriciers séparés l'un de l'autre, et la seconde sur l'enfant arraché des seins pris en location, et sur l'enfant des preneurs; — considérant, d'autre part, l'état numérique de notre population, je me dis que si le pays refusait les fonctions publiques à ceux qui sans nécessité absolue et démontrée secondent l'effet de ces causes de décadence ; il refuserait simplement de concourir à sa ruine, il se défendrait tout simplement, il ferait ce qu'il fera, en coupant le budget des cultes à ceux qui s'en servent pour miner l'Etat.

J'ai connu deux jeunes mères, l'une peu littéraire, assez proche parente même de la fameuse dame inventée par Delphine de Girardin, la dame aux six petites chaises ; l'autre n'était pas non plus une Delphine, mais dans tous les sens du mot *une* grammatiste ; et je ne sais pourquoi on fait ce mot exclusivement masculin, la chose étant si évidemment capable des deux sexes. De ces deux mères, la première se tira à son honneur, avec un seul sein, le second n'ayant pas tardé à être mis hors de service, de l'allaitement de sa petite fille ; l'autre mère, qui ne nourrissait que par procuration, employa ses loisirs à noircir du papier. Un jour que la première disait à la seconde : « Admirez mon enfant ! » La seconde offrant à la première un petit livre encore humide du contact de la presse : « Recevez le mien ! » répliqua-t-elle. Je ne suis pas en peine de savoir à laquelle des deux mères le lecteur adressera l'hommage de sa sympathie et de son respect.

Ce n'était pas sans raison, quoique ce fût sans réflexion, que cette pauvre jeune dame faisait passer les enfants de son esprit avant ceux de sa

chair, car ces livres étaient entièrement d'elle...
(ils étaient d'elle ! ils étaient d'elle ! hum ! et un
peu de ses ciseaux ; mais ce n'est pas nous qui
reprocherons jamais à une femme de se servir de
ciseaux ni de cet outil de fée, l'aiguille) tandis que
ses enfants proprement dits — la confection d'un
animal à poil nécessitant trois choses : gestation,
lactation, éducation — n'étaient d'elle que pour la
chose dans laquelle elle n'était moralement pour
rien, qu'elle avait dû subir, à laquelle sa volonté
avait pu être étrangère, opposée même, cas
où sa grossesse n'aurait été rien de plus noble
que le prix de revient du plaisir. D'où suit que la
gestation emprunte sa moralité, sa dignité, son
humanité, de ce qui la suit, savoir : la lactation
et l'éducation, desquelles, détachée par une mère
démissionnaire, la grossesse n'aura été qu'une
servitude d'ordre végétatif résultant de l'accom-
plissement d'une fonction animale.

« La femme est moitié mère pour enfanter et
moitié pour la nourriture de son fruit, de façon
qu'elle se peut appeler *mère entière* lorsqu'elle a
enfanté et nourri son enfant de ses propres mamelles. » C'est du Marc-Aurèle, et cité, endossé
par notre Ambroise Paré. Sans vouloir discuter
avec ces grands hommes la valeur de la fraction
exprimant au juste le titre de ces mères incom-
plètes, l'oubli fait ici de la fonction d'éducation
dont pas une femelle de mammifère ne s'affran-

chit — et voyez la chatte et ses petits — n'est pas admissible. Si la jeune dame dont j'ai parlé ci-dessus (la mère au livre) avait consacré à la culture de son enfant la somme de travail, d'instruction, d'esprit de suite, d'orgueil d'auteur, d'espoir ambitieux, qu'elle a pu dépenser et placer dans un livre même médiocre ; au lieu de produire un ouvrage que dix mille personnes eussent fait aussi bien qu'elle, elle eût à coup sûr préparé cet enfant à remplir avec une haute distinction le rôle quelconque auquel le sexe, l'aptitude et la fortune l'appellent.

Nos mères n'écrivaient point, nous fûmes leurs seules œuvres ; si ce ne sont pas des chefs-d'œuvre, des livres eussent-ils été plus utiles ? Que de femmes d'un mérite réel la République empêchera de faire fausse route et de sacrifier à la puérile vanité d'auteur quelconque, le légitime orgueil d'avoir donné le jour à des citoyens remarquables, quand, par disposition légale, la mère de tout citoyen honoré de récompenses publiques sera associée par un insigne apparent et par les privilèges honorifiques pouvant résulter d'une telle distinction à la gloire et aux triomphes de son enfant !

Lecteurs amis, je vous recommande cette idée.

L'*Ordre des mères* mérite de préoccuper votre patriotisme. La fonction omise par Marc-Aurèle, dans les lignes ci-dessus, appartient si exclusivement aux mères, et toute femme y est si particulièrement apte, qu'à notre avis l'éducation primaire des deux sexes devra passer tout entier sous la douce main féminine. Continuer dans l'école le rôle des mères au foyer domestique, donner à l'éducation publique le caractère maternel ; ce sera, selon nous, la grande et incomparable fonction sociale des femmes, tellement faites pour la maternité que même vierges, elles ont un cœur de mère pour les enfants des autres.

Quæ lactat mater magis quam quæ genuit : celle qui nourrit est plus mère que celle qui engendre. Aussi l'allaitement maternel était-il en grand honneur chez les Romains ; non point universel cependant, puisque César reproche aux dames de son temps de porter sous leurs bras des singes et des chiens, tandis qu'elles confient leurs enfants à des nourrices mercenaires : il semble voir une pauvre jeune dame auteur se rendant, son manuscrit sous le bras (son ours), chez l'éditeur. D'Alembert, sur la prééminence du lait sur le sang, pensait comme la sagesse antique : « Ma vraie mère est celle qui m'a nourri de son lait ; je n'en connais pas d'autre. » On dira que l'autre l'avait abandonné. Voici donc qui sera d'une autorité plus décisive : Gracchus rentrant victorieux dans Rome, aperçoit sa mère et sa nourrice venues à sa rencontre ; il court d'abord à sa nourrice ; la serre dans ses bras, lui fait présent d'un riche collier d'or ; il embrasse ensuite sa mère et lui donne un anneau d'argent.

Tite-Live qui raconte le fait ne nous dit pas si la mère de Gracchus trouva le double partage équitable, mais la reine Blanche y eût applaudi, qui, apprenant qu'une dame avait donné le sein à son fils, le fit vomir, disant : « Je ne puis endurer qu'une autre femme ait le droit de me disputer la qualité de mère. »

La mère de Louis IX est, paraît-il, la seule reine de France qui ait nourri.

§. II

La Mamelle.

Le nombre de ces bouteilles magiques, toujours pleines, où puise d'une lèvre avide le nourrisson de la femme, est sujet à varier. Au lieu de la paire on en a trouvé jusqu'à la demi-douzaine, tout un panier ; ce qui établit entre les mammifères que nous sommes et les autres membres de la classe une ressemblance flatteuse pour ceux-ci. On dit qu'Anne de Boleyn en avait trois. Une mère et sa fille observées par Adrien de Jussieu en avaient chacune autant. Une femme qu'on voyait il y a quelques années dans le service de M. Marotte en avait quatre, dont deux sous les aisselles et toutes donnaient du lait. Ici non plus, les hommes n'ont pas le dessous. François et Blandin ont cité un lieutenant d'artillerie et un chirurgien militaire qui avaient quatre mamelles. M. le Dr Handyside a fait connaître deux faits du même genre : les organes supplémentaires situés au-dessous des deux autres étaient plus petits que ceux-ci ; les sujets dont les photographies furent présentées à la Société médico-chirurgicale d'Edimbourg étaient des hommes grands et robustes, très barbus et d'une mâle physionomie. Tout dernièrement (1886) M. Blanchard a entretenu la Société de biologie d'un homme père de treize enfants et qui, à quelques centimètres au-dessous de chaque mamelle, porte un mamelon surnuméraire, sorte d'insigne de son mérite reproducteur ; or, il a transmis cette singularité non point à tous ses enfants, mais à tous ceux d'un même sexe qui est... le féminin ? non : aux sept garçons, dont chacun a, comme lui, ces deux mamelons de supplément placés comme chez le père et plus ou moins développés ! Attendez.

De ces sept garçons, un seul, le plus jeune n'a pas eu que des filles ; il n'en a même eu qu'une, tandis qu'il a eu quatre fils et tous ceux-ci sont conformés comme les six oncles et le grand-père, tandis que la fille n'offre, ainsi que ses cousines, rien de particulier.

Une jeune femme, Polonaise, domestique, eut

à l'âge de seize ans un premier enfant, un garçon qu'elle nourrit. « Elle ne remarqua alors rien de particulier chez elle, je veux dire sur sa poitrine, sauf des taches de pigment prises pour des *envies*, d'autant qu'il y en avait de semblables sur diverses régions du corps, entre autres derrière le cou.

Devenue mère pour la seconde fois, elle gardait le lit depuis deux jours, quand elle s'aperçut que ses *envies* donnaient du lait. Ces prétendues envies étaient devenues des mamelons. En même temps, elle sentait sous les aisselles une « humidité désa-gréable » ; on y regardait, et c'était encore du lait fourni par d'autres mamelons accessoires, ceux-ci sans aréoles pigmentées. Enfin, le médecin, M. Bieganski ayant, quelques jours plus tard, mis ce thorax phénoménal à nu pour les photo-graphier, découvrit, sous les seins extrêmement développés et pendants, deux nouveaux mame-lons. Tout compte fait, leur nombre s'éleva à huit, dont : axillaires, 2 ; pectoraux, 4 ; abdomi-naux, 2 ; les six premiers situés d'une façon à peu près symétrique, tandis que la distance des deux derniers aux mamelles est sensiblement différente de l'un à l'autre.

L'enfant ne puisa qu'aux mamelles bien con-formées et développées, exemptes de crevasses et fournissant en abondance un lait d'excellente qualité : il profita à merveille. Mais, lorsqu'il tétait, du lait en quantité plus ou moins grande suintait toujours des mamelons de l'aisselle. Au contraire, les six autres n'en fournissaient que lorsqu'on les pressait, sauf toutefois un tubercule de l'un d'eux qui, de soi-même, en donnait un peu.

L'intérêt attaché à ces variations vient surtout de ce qu'il est loisible d'y voir des effets d'atavisme, les opinions devant être libres en histoire naturelle comme partout. L'hérédité après des milliers de siècles les expliquerait. Elles consisteraient dans la réapparition accidentelle de caractères qui furent très anciennement ceux de notre ascendance ; ce ne serait qu'un trait de ressemblance avec d'humbles ancêtres que nous ne nous connaissions pas, ressemblance qui en se manifestant trahirait notre origine animale.

Il est des cas où la situation de ces organes semble ajouter encore au genre d'intérêt que comporte leur nombre et fortifier la conclusion qu'on se croit en droit de tirer de celui-ci. Ainsi, M. le Dr Robert de Marjeski mentionne une femme qui allaita plusieurs enfants au moyen d'une mamelle placée dans le pli de l'aine (gauche).

Un Allemand, M. Leichtenstern, auteur d'une monographie consacrée à ces anomalies curieuses, en a observé une demi-douzaine. Elles seraient bien moins rares qu'on n'a pu le penser, presque fréquentes, puisque sur 500 personnes on en rencontrerait un cas, ce qui paraît difficile à croire.

Le thorax est leur siège de prédilection. Neuf fois sur dix, c'est là qu'on les trouve. Toujours ils y sont disposés symétriquement, au-dessus et en dedans des organes normaux, de manière à déterminer avec ceux-ci une ligne dirigée vers l'ombilic. Dans les cas qui forment le dernier dixième, on trouve de ces seins supplémentaires un peu partout, à l'aine (nous en avons cité des exemples), dans l'aisselle, à la cuisse, sur les épaules et le dos.

Quant à la signification du fait, l'auteur, cela va sans dire, propose une explication darwiniste. Ces mamelles en trop sont la preuve que les premiers représentants de notre espèce eurent normalement un plus grand nombre de mamelles que ses représentants actuels. Cela posé, le reste va de soi. Les mamelles que nos ancêtres eurent normalement de plus que nous, comme on vient de le *prouver*, expliquent le supplément de mamelles qu'il arrive à quelques-uns de leurs descendants de présenter anormalement. Les causes finales, quand Voltaire qualifiait comme on sait les *causefinaliers*, n'étaient pas plus commodes.

Mais, et les mamelles des épaules et celles du dos, est-ce aussi de l'atavisme? Et si elles se produisent là, sans atavisme, pourquoi ne ne produiraient-elles pas de même ailleurs?

D'une façon plus générale, pourquoi l'hérédité ne serait-elle pas aussi étrangère à la production des mamelles supplémentaires qu'elle l'a nécessairement été dans les temps géologiques à la production des caractères nouveaux pour l'acquisition desquels un petit nombre de types, sinon un type unique, a, selon le transformisme, donné naissance à toute la suite des espèces.

Prière donc aux transformistes de faire attention que même dans leur hypothèse des anomalies telles que celle-ci peuvent être tout autre chose que des phénomènes d'atavisme. Invitation à tous de ne pas oublier, comme on le fait trop généralement, que leur doctrine est un système, et qu'un système n'est pas la science.

Mais ce qui n'est encore qu'un roman fût-il de l'histoire, le fait qui nous occupe et les faits analogues n'auraient pas la signification grossièrement matérialiste qu'on leur attribue. Parce que l'espèce humaine qui, pas plus qu'aucun animal supérieur ne pouvait se constituer à même le milieu général, se sera formée dans l'utérus de telle ou telle espèce de mammifères, ce qui explique ses ressemblances zoologiques, cela empêcherait-il que cette espèce pût être d'une essence autre et plus élevée que le reste des créatures terrestres ?

Un cas un peu différent des précédents a été offert par une jeune Mauresque de passage dans un des hôpitaux d'Alger. Chez elle les organes en question sont en règle aussi bien pour le nombre que pour la forme qui est irréprochable. La rareté consiste uniquement en ceci : outre le goulot normal, chaque bouteille en a un second situé en dehors du premier à 6 centimètres de celui-ci et trois fois moindre : pareil à lui pour le reste. Si ces organes supplémentaires étaient capables de doubler leurs chefs d'emploi, on l'ignore ; ceux-ci n'ayant jamais été mis en demeure de fonctionner.

III

Nourrices-vierges et pères-nourrices.

Cédant à l'instinct d'imitation, une petite fille de huit ans se plaisait à approcher de son sein la bouche d'un enfant à la mamelle. Au bout de quelque temps, elle eut du lait, et elle en eut assez pour nourrir cet enfant pendant un mois.

Pardon du rapprochement : Buffon cite une chienne vierge qui nourrit de son lait plusieurs chiens nouveau-nés qu'on lui donna.

Pour qui aime les contrastes, nous opposerons à cette petite fille de huit ans; une femme de soixante-quinze ans qui se mit en tête d'allaiter son petit-fils et fut à la hauteur de la tâche. Le fait est rapporté par MM. Filhol et Joly. Avait-elle lu Aristote qui a écrit : « On peut faire venir du lait à des femmes déjà âgées en les tétant, et même on en a vu avoir assez de lait, par ce moyen, pour nourrir un enfant. »

M. Charrier a vu une grand'mère, quinze ans après son dernier accouchement, donner le sein à l'enfant de sa fille.

M. Perrin a possédé une chatte, qui mourut quelques semaines après avoir mis bas. Son petit, le seul qu'on lui eût laissé, fut adopté et allaité par la grand'mère qui n'avait pas mis bas depuis l'année précédente.

Ces deux derniers faits sont cueillis à la Société de Médecine de Paris.

Celui qui écrit ces lignes a eu à la campagne, dans le pays même et non loin de la place où Jean Valjean fit la rencontre de Cosette, une chatte nourrice qui tétait encore sa propre mère.

Ce qui rappelle en bien ces trois crabes dont Frédol (Moquin Tandon) parle dans son *Monde de la Mer*, qui étaient attablés les uns aux autres : le premier étant mangé par le second, qui l'était au même moment par le troisième.

Revenons à la Société de Médecine.

M. Perrin cite une dame de sa clientèle, que des abcès multiples du sein, survenus pendant qu'elle allaitait son huitième enfant, contraignirent de mettre celui-ci aux mains d'une nourrice. Au bout de quatre mois, voyant le petit malheureux dépérir, et s'apercevant que son lait n'était pas entièrement tari, elle eut l'idée de présenter le sein à l'enfant, qui le remplit en y puisant.

M. Blondeau a vu chez un enfant de quelques semaines un abcès laiteux du sein. Il a vu le lait sourdre des mamelons de nouveau-nés.

Ce dernier fait est loin de constituer une rareté.

M. Lolliot rappelle que chez certaines peuplades, quand une femme meurt pendant l'allaitement, ses devoirs de nourrice incombent à sa plus proche parente qui est quelquefois une femme âgée, et qui toujours, même dans ce dernier cas, grâce aux efforts du nouveau-né, finit par se trouver à la hauteur de sa tâche. J'ajoute que c'est quelquefois aussi une jeune fille vierge, et après ce qui précède, on ne s'étonnera pas d'apprendre qu'elle s'en tire à honneur.

Livingstone, dans son premier voyage, cite comme à sa connaissance personnelle, plusieurs exemples de grand'mères ayant allaité leurs petits-enfants.

A Kuruman, Sina, jeune indigène de dix-huit ou dix-neuf ans, étant accouchée de deux jumeaux, sa mère, Masina, s'empara de l'un des nouveau-nés et, quoiqu'elle n'eût pas nourri depuis quinze ans au moins, eut immédiatement assez de lait pour suffire à l'enfant. Masina avait une quarantaine d'années qui en valent plus pour les femmes de là-bas que pour celles d'ici.

Une autre grand'mère du même âge étant
seule avec son petit-fils et, l'entendant pleurer,
lui donna sa mamelle flétrie d'où la consolation
ne tarda pas à sourdre.

Qu'un enfant soit nourri simultanément par sa
mère et sa grand'mère, cela se rencontre aussi
chez ces bonnes gens-là, et le grand voyageur en
eut un exemple sous les yeux.

Voilà pour les âges.

Livingstone avait vu tant de choses en ce genre,
il avait vu tant de fois la succion déterminer à elle
seule la production du lait qu'il ne trouvait rien
d'inadmissible dans l'histoire légendaire de ce
père qui, durant les guerres religieuses d'Ecosse,
aurait allaité son fils ; en quoi il avait bien raison,
la zoologie fournissant des exemples de mâles
lactifères.

Aristote raconte en son *Histoire des animaux*
qu'à Lemnos un bouc fournissait du lait dont on
faisait de bons fromages. La ménagerie du Mu-
séum a possédé un bouc du même genre, et, par
parenthèse, il venait de Lemnos.

Mais la sécrétion lactée n'est pas, parmi les
mâles, le privilège des boucs. Humboldt, dans
son *Voyage aux régions équinoxiales*, rapporte
l'histoire d'un certain laboureur, Francisco Lo-
zano, âgé de trente-deux ans, qui de son propre
lait nourrit son fils, lequel ne reçut aucune autre
nourriture. L'amiral Franklin raconte qu'un Es-

quimau, ayant perdu sa femme, éprouva un vif
désir de pouvoir allaiter son enfant, privé de
nourrice ; qu'il lui vint du lait et qu'il put pendant
quelque temps remplir l'office de mère. M. Alfred
Maury, d'après qui je cite le fait [1] et qui renvoie
lui-même à la *Revue Britannique* [2], y voit
un effet de la puissance de la volonté et du
désir.

Au sujet de l'anecdote écossaise à laquelle il
vient d'être fait allusion : « On a cité ce fait
comme un miracle — écrit Livingstone ; mais le
sentiment d'un père pour le fils de celle qu'il
aimait et qu'on vient d'assassiner sous ses yeux,
ne peut-il pas se rapprocher du sentiment maternel » ; interprétation bien digne de la grande
âme de l'illustre voyageur, conforme, d'ailleurs,
à celles qui précèdent et que n'infirme point ce
que nous savons aujourd'hui de l'influence du
moral sur le physique.

Notons que cette action morale est en tout cas
secondée par l'action physiologique du nouveau-né.
Carlier cite un exemple de lactation chez un
mouton dont une mamelle était régulièrement
traite par un berger.

On demande quel est le but de tels et tels organes dont les fonctions ne sont point appa-

---

[1] *La Magie et l'Astrologie dans l'antiquité et au moyen âge*,
page 368.

[2] De 1838.

rentes : la queue du chien; les mamelles de l'homme, etc. Pour ces dernières, si on ne voit pas à quoi elles servent, les exemples précédents montrent à quoi elles pourraient servir. Ces organes prouvent que si les hommes qui ont envahi les professions de femme portaient aussi leurs vues sur l'emploi de nourrices, laissé vacant par tant de mères, avec de l'application ils y pourraient réussir.

Il y a en Océanie des sauvages chez qui l'usage veut, lorsqu'une femme vient d'accoucher, que son mari prenne le lit à sa place; on voit que ces fainéants, puisqu'il leur plaît de jouer à l'accouchée, pourraient remplir ce rôle ridicule d'une façon encore bien plus ressemblante.

Quant à la queue du chien, ceux qui demandent à quoi elle sert, oublient apparemment la part du geste dans l'éloquence.

Dans le roman zoogénique actuel, les mamelons, chez le sexe barbu, s'expliquent par la supposition que les premiers mâles partagèrent avec les premières femelles le soin d'allaiter les portées, supposition qu'on peut qualifier d'intrépide en présence de ce fait négatif qu'il n'est pas une seule espèce de mammifères, même parmi les moins élevées ou les plus dégradées, qu'il n'en n'est pas une, quoique chez toutes le mâle soit muni de mamelons, qu'il n'en n'est pas une seule, dis-je, chez laquelle la fonction de lactation soit commune aux deux sexes. Ne serait-ce pas en souvenir de ce temps hypothétique des mâles-laitiers que les sauvages mentionnés ci-dessus prennent le lit quand leurs femmes accouchent?

M. Edward Taylor n'a pas pensé à celle-là dans le livre remarquable [1] où avec trop peu d'ordre, à l'anglaise, et un peu trop compendieusement, à l'allemande, il développe ce qu'il a appellé le *Principe de la survivance*.

Voilà pour les sexes.

Double curiosité : un mulet nourrice ou qui du moins pourrait l'être, ses mamelles fournissant une notable quantité de lait. Ce phénomène est un produit du Mexique. Un médecin du pays en fit l'objet d'une note communiquée à la Société de biologie par P. Bert.

La curiosité est double puisque 1° le sujet est un mâle, et 2° puisqu'il ne l'est même pas, n'étant qu'incomplètement sexué.

Toutefois sur ce dernier point il y a à dire que la stérilité du mulet, pour être un fait général, très général, n'est pas un fait absolu; le mulet produit par exception dans notre climat; il produit par exception encore, mais moins rarement, sous les basses latitudes. Gray, dans son ouvrage sur la ménagerie de Kowsley-Hall, décrit même ce qu'il appelle un double mulet, le produit d'une

---

[1] La *Civilisation primitive*.

jument croisée avec un hybride d'âne et de zé-bresse. Ce double mulet avait en lui le sang de trois espèces.

§ IV

Les Seins de la Vierge.

Une jeune fille de treize ans passés se présente conduite par sa mère à la consultation de la Charité, service de M. Desprès. La mère, pleine d'inquiétude, expose que son enfant porte à la place du sein droit une tumeur déjà examinée par un médecin qui a prescrit une double médication interne et externe : pommade fondante et iodure de potassium ; mais rien n'y a fait, la douleur a persisté, s'est développée. Grâce à Dieu ! le côté gauche est jusqu'ici normal.

Le sein découvert laisse voir en effet, sous le mamelon, une saillie bien apparente. La forme en est régulière. Discoïde. Cette saillie est mobile, sans adhérence avec la peau, résiste à la pression des doigts. La pression ne provoque pas de douleur. Notons que le mamelon est juste au centre de la partie tuméfiée.

Le médecin fait constater ces choses à son entourage. Jamais un sarcome n'occupe le centre exact de la région mammaire. Un sarcome serait plus dur...

Le fait ne prenait pas M. Desprès au dépourvu. Déjà, en des circonstances identiques, une mère, non moins tourmentée que celle-ci, était venue réclamer ses conseils et ses soins.

La prescription s'imposait. Rien à faire. C'est le destin !

Vous verrez, dans peu de temps, une tumeur pareille à celle-ci se montrer au côté gauche de l'enfant. Laissez faire et laissez pousser. Et rassurez-vous. En même temps, la fillette deviendra demoiselle. C'est l'aimable destin !

Beaucoup de mères ignorent, à ce qu'il paraît, que les deux glandes mammaires ne se développent pas toujours d'un mouvement simultané. Il n'est pas rare, paraît-il, quand manque ce synchronisme, que, se méprenant sur la signification de la grosseur en voie de formation, elles prennent alors, comme fit la précédente, le chemin de la consultation médicale. Ce paragraphe pourra donc en rassurer quelques-unes.

On vient de voir qu'il n'est pas impossible qu'un médecin ne s'y trompe aussi, mais n'est-ce pas se tromper bien lourdement ?

Ce qui, pour le dire en passant, est bien plus fréquent que le défaut de synchronisme dans le développement des deux seins, c'est leur inégalité de volume. Rarement sont-ils de même grosseur, et c'est toujours le gauche qui a l'avantage ;

aussi n'est-ce jamais le droit que les nourrices montrent au médecin qui les visite.

§ V

Électricité et Lactation.

Mme J..., vingt-six ans, mère de trois enfants, allaitait le dernier, avec le plus grand succès, depuis onze mois et demi, quand il fut atteint de pneumonie double qui, nécessairement, suspendit l'allaitement. Lorsque, deux jours après, on voulut le reprendre, la source était presque à sec. Nonobstant les sollicitations du bébé, elle ne tarda pas à se tarir tout à fait. Celui-ci, cependant, refusait tout succédané de l'alimentation maternelle et dépérissait.

Les choses en étaient là, et quinze jours s'étaient écoulés depuis le début de la maladie, quand le Dr A. Aubert — de Mâcon — c'est une histoire déjà ancienne mais qui vient d'être rajeunie de la manière la plus heureuse, que je vous raconte là — quand M. A. Aubert, médecin distingué et très considéré, eut l'idée d'essayer de la faradisation.

La faradisation c'est l'emploi physiologique ou thérapeutique des courants électriques d'induction découverts par Faraday. Jusqu'alors la faradisa-

tion localisée n'avait pas été appliquée au rétablissement des fonctions sécrétoires. M. Aubert
voulut voir si par ce moyen les seins de la jeune
mère, stériles depuis quatre jours, ne recouvreraient pas leur fertilité.

Il employa des excitateurs humides alternativement placés à droite et à gauche de chaque
mamelle et au moyen du trembleur augmenta
progressivement la force du courant sans aller
toutefois jusqu'à faire contracter les pectoraux,
ni jusqu'à causer la moindre douleur. Résultats :

Premier jour. Séance de vingt minutes. Mais
il n'en faut que quelques-unes pour que le sein
droit augmente sensiblement de volume. Mme J...
éprouve la sensation d'un liquide qui circulerait
dans l'organe, toutefois cela ne ressemble pas à
la montée du lait. Rien à gauche.

Deuxième jour. Deux fois sur trois qu'il prend
le sein, l'enfant suce quelques gouttes de lait.
Séance de dix minutes seulement parce que la
mère a éprouvé quelque malaise après celle d'hier.

Troisième jour. Légère montée à droite, le
matin. Séance de vingt minutes. Montée consécutive dans les deux seins.

Quatrième jour. Montée plus prononcée que la
veille. Les excitateurs étant placés l'un en dehors
du sein droit, l'autre en dehors du sein gauche,
une tension des deux mamelles se produit pareille

à celle qui précède la montée du lait qu'à chaque instant la mère croit sur le point de se faire.

Cinquième jour. Deux montées bien complètes depuis la veille. Après la séance de ce jour, le nourrisson peut téter sans qu'il se soit fait de montée, celle-ci ayant eu lieu pendant la séance de faradisation.

A partir de ce moment, l'excitation électrique devient inutile. Les seins ont recouvré leurs fonctions, l'allaitement se fait à souhait. Au bout de huit à dix semaines, l'enfant bien rétabli et entré dans son quinzième mois est sevré.

Il s'agit maintenant — l'observation succède chronologiquement à la précédente et c'est à M. le Dr Becquerel qu'elle est due — il s'agit d'une jeune femme de vingt-sept ans, bien constituée, mais de tempérament nerveux qui nourrissait depuis six mois, quant à la suite d'émotions vives et répétées, son lait qui n'avait jamais manqué, tarit à peu près complètement. Il fallut faire manger l'enfant, à qui ce nouveau régime ne réussit pas : il dépérissait. Alors M. Becquerel conseille une nourrice et, sur le refus absolu de la jeune mère qui n'entendait point associer une mercenaire à sa maternité, il songe et recourt à l'électricité d'induction, opère avec une machine de force médiocre à courants très doux et intermittences rapides, emploie des excitations humides (éponges), successivement placées tout autour des seins. Il y eut trois séances de quinze minutes chacune. A peine la malade souffrit-elle, ce fut malaise plutôt que souffrance. Dès la première séance, qui eut lieu quand la sécrétion était à peu près supprimée depuis huit jours, la montée suivit presque immédiatement l'application électrique; après la troisième, la sécrétion était entière et définitivement rétablie.

La troisième observation, due à l'initiateur, c'est-à-dire à M. Auber, eut cela de bien curieux que le résultat, confirmatif des précédents, n'était ni cherché, ni même désiré, comme on va bien le voir par l'accueil qui lui fut fait.

Il ne s'agissait alors que d'enlever, chez une femme de vingt-six ans, accouchée depuis sept mois, qui n'avait pas nourri ni voulu le faire et dont le lait, peu abondant, avait complètement disparu en trois semaines; il s'agissait d'enlever les dernières traces d'une anesthésie complète, de cause obscure, dont nous n'avons d'ailleurs pas à nous occuper.

Ces dernières traces se rencontraient au sein droit resté seul insensible. M. Auber, dans le but qu'on vient de dire, promenait sur toute la surface de l'organe, l'excitateur en forme de balai, ne le déplaçant que lorsque la sensation de brûlure devenait intolérable, car la sensibilité ne renaissait qu'à cette condition. Les séances duraient de quinze à vingt minutes. Dès la troisième, la malade accusait, entre autres symptômes, un gonflement douloureux des deux seins, mais surtout du sein droit.

Le lendemain, elle se plaint d'être « comme après sa fièvre de lait » : ses deux seins mouillant les vêtements, elle est obligée de les couvrir. Qu'est-ce que cela signifie ? Et voilà une femme inquiète ! Ce n'est pas sans peine que M. Auber obtint la permission de continuer un traitement qui donne de pareils résultats. Il s'arrêta après la septième séance, le but poursuivi (rétablissement de la sensibilité) se trouvant atteint. Mais lors de la cinquième, le lait, dont il avait sans peine rempli une cuillère, s'était montré, à l'examen microscopique, en tout semblable à celui d'une nouvelle accouchée et il ne semblait pas douteux que cette sécrétion inattendue n'eût répondu à toutes les exigences d'un allaitement. Quelques jours de régime la supprimèrent.

La chose racontée, l'auteur cherchait à se rendre compte de la manière dont la lactation s'était produite, ce qui ne laissait pas que de faire question. En effet, M. Auber avait employé les excitateurs secs et le courant de deuxième ordre qui, selon Duchesne (de Boulogne) agit spécialement sur la sensibilité ; cependant l'action s'était fait sentir à la glande. Etait-ce action réflexe transmise par les nerfs ? etc. Il pensait que le courant avait, à travers la peau, directement impressionné l'organe sécréteur. Il comparait l'action du courant à celle des menottes du nourrisson tripotant le sein nourricier : à ce contact un doux frisson parcourt la mère, le mamelon dresse sa saillie, le lait afflue, parfois est lancé à distance.

Enfin, comme à l'inverse de mères trop disposées à donner leur démission de nourrices, l'exemple ne manque pas de vieilles femmes et de jeunes vierges qui ont pu en remplir l'emploi, et que même, au cap Vert, par exemple, un usage traditionnel l'impose comme on l'a vu à la plus proche parente, quel que soit son âge et mariée ou non, de la mère morte en nourrissant ; M. A. Aubert exprimait cet espoir qu'avec un peu de persistance on arriverait à résoudre le problème suivant : *Au moyen de l'électricité, rendre une femme quelconque capable d'allaiter un enfant; et ce, en employant des excitateurs humides, et sans causer la moindre douleur à la personne qui se prêtera à l'expérience, de sorte que la plus craintive ou la plus délicate pourra s'y soumettre.*

Tel était à notre connaissance l'état de la question quand M. le docteur H. Pierron, qui ignorait ces précédents, a renouvelé le sujet[1] devant lequel voici décidément ouvertes, espérons-le, les portes de l'avenir.

---

[1] Dans une note insérée au *Journal de médecine de Paris*, mars 1887.

Il y a quatre ans — c'est du début de M. Pierron dans cette médication nouvelle qu'il s'agira d'abord — il se trouva avoir dans sa clientèle une jeune mère selon la nature, à laquelle d'un mot il conquiert l'intérêt et le respect des lecteurs : « Elle voulait à toute force nourrir son enfant. » A toute force, c'est dire qu'elle avait plus de cœur que de lait. Pour en avoir, elle se prêta à tout ce que la médecine prescrivit. D'ailleurs son état de santé était satisfaisant. Enfin M. Pierron eut l'idée d'essayer du courant intermittent : « J'essayai, raconte-t-il, et je réussis outre mesure à gonfler les seins et à leur faire produire du lait en abondance et de bonne qualité. »

Ce commencement était trop encourageant pour n'avoir pas de suite. En voici une des plus récentes :

Il s'agit d'une *primipare* comme on nomme la tige humaine à son premier fruit. La mère a nourri son enfant ; une mère tout à fait naturelle. L'enfant a été sevré, mais il n'est pas content, et refuse les compensations. Quinze jours se passent, il languit. La mère le reprendrait avec bonheur dans son giron, mais le lait a complètement passé ; même autre chose est revenu. En avant la bobine ! C'est celle de Gaiffe. « Après quatre séances d'électrisation, j'ai obtenu des seins gros, très développés comme pendant l'allaitement, du lait en grande quantité, et tout marché à merveille.

Depuis deux mois, la lactation nouvelle continue à l'entière satisfaction de la nourrice. » Et du nourrisson bien entendu, puisque ici nous sommes dans la nature et que la nourrice c'est la mère.

Dans l'appareil employé par M. Pierron, le pôle négatif est une calotte sphérique en cuivre; le pôle positif, une boule de même métal. Le courant d'abord assez faible est graduellement accrû. Les séances durent une dizaine de minutes, se font à vingt-quatre heures de distance. Il est rare qu'après la quatrième on n'ait pas de lait. Ne pas désespérer, cependant, si même à la huitième le but n'est pas encore atteint.

Sur une nouvelle accouchée chez qui la sécrétion lactée ne se ferait pas, l'auteur a toute confiance dans le succès de cette médication. Il croit également « que sur une fille même vierge », on pourrait ainsi faire « venir du lait ». Enfin, il ouvre cet aperçu d'un genre tout différent :

« Qui sait, dit-il, si au point de vue plastique, ce moyen ne serait pas préférable à ceux dont les inventeurs se chargent de faire… d'une planche une ronde-bosse. »

« Quant au point de vue plastique, écrit M. Auber dans une lettre motivée par la note de M. Pierron, il y a là une idée dont les amateurs du beau pourraient tirer parti. » Rappelant avec une rare modestie les travaux par lesquels il a

ouvert la voie que suit M. Pierron, il avoue
n'avoir point réussi à produire la sécrétion lactée
chez une femme dont la dernière grossesse re-
montait à sept ou huit ans. Toutefois, il ne pense
pas qu'il y ait lieu d'en désespérer. Des expériences répétées peuvent seules décider si l'excitation électrique peut produire dans l'espèce les
effets qu'ont très authentiquement donnés d'autres
genres d'excitation dont nous avons ci-dessus
donné des exemples.

§ VI

Les Bébés dans la balance.

Au moment de la naissance, le poids des enfants varie généralement entre 3 et 4 kilogrammes. Ceux de 5, 6 et 7 kilogrammes sont
exceptionnels. Ceux de 1 kil. et demi à 2 kilogrammes le sont également.

Les garçons pèsent un peu plus que les filles :
3 kil. 20 moyenne de 63 garçons ; 2 kil. 91
moyenne de 56 filles ; ces chiffres sont dus à
Quetelet.

Un premier né pèse ordinairement un peu
moins que ses frères et sœurs ; ce qu'on attribue
principalement à ce que les primipares sont bien
souvent trop jeunes.

D'époux forts et vigoureux naissent ordinairement des enfants lourds et volumineux dont la naissance est très douloureuse. Un accoucheur, que M. Bouchut ne nomme pas, mais qu'il dit avoir connu, prenait des précautions pour avoir, en pareil cas, des enfants d'une venue plus facile : il diminuait pendant la grossesse les aliments de la mère ; cela lui réussissait, et c'était sans inconvénient pour l'enfant, un nouveau-né petit pouvant devenir un enfant très vigoureux. L'auteur cite une dame de bonne constitution qui, ayant vomi ses aliments pendant toute la durée de sa grossesse, mit au monde une petite fille qui ne pesait que 2 kilogrammes et demi. C'est, du reste, un fait général que des vomissements trop fréquents et trop abondants diminuent le poids des enfants.

Il est une maladie que je désignerai suffisamment en disant qu'on l'a regardée comme importée d'Amérique en Europe. Je m'interdirais d'en parler s'il n'y avait un intérêt supérieur à reproduire les lignes suivantes, de M. Bouchut. Cette maladie, arrêtant la nutrition du nouvel être, le tue dans un grand nombre de cas ; dans les autres, l'enfant, petit et maigre, ne pèse quelquefois pas plus de 2 kilogrammes. « Qu'elle provienne du père ou de la mère, cette maladie est la plus funeste de toutes celles qui agissent sur le produit de la conception. Il est fâcheux que le monde n'en sache pas plus long sur ce sujet, car, si terrible que soit ce mal, il est très aisément guérissable ; et dans les familles où il y a de ces avortons, il suffit d'un traitement de quelques semaines chez le père ou chez la mère pour avoir ensuite des enfants à terme et d'un poids suffisant. »

Les nouveau-nés perdent de leur poids pendant les premiers jours la vie ; fait établi d'abord par Chaussier, et à la démonstration duquel Quetelet a apporté depuis toute la précision désirable. En général aussi leur poids se relève à partir du troisième jour, et il redevient rapidement ce qu'il avait été. Ces causes de perte sont les unes physiologiques, savoir : 1° l'évacuation du méconium, évaluée à 60 ou 90 grammes, 2° celle des urines, évaluée à 10 ou 15 grammes, 3° la transpiration pulmonaire et cutanée, évaluée à 55 ou 60 grammes, 4° la petite quantité de liquide prise le premier jour ; et les autres pathologiques, savoir : 1° la faiblesse des enfants nés avant terme ou naturellement très petits, qui n'ont la force ni de téter ni de boire et se refroidissent très rapidement, 2° l'ictère. A ces causes de dépérissement, il faut ajouter encore celles qui résultent d'un mauvais lait, d'un lait trop peu abondant, d'une mauvaise conformation du sein. Si dans ces circonstances on ne pèse pas l'enfant avant et après chaque tétée, on est exposé à croire qu'il a bu quand il n'a presque rien pris ; qu'on n'y fasse pas attention, il peut mourir d'inanition. En pareil cas, il y a qu'un moyen de savoir si un nourrisson tète suffisamment, c'est celui qu'offre la balance employée avant et après l'allaitement. La différence des deux poids mesure la quantité de lait introduite qui d'après l'expérience, doit être de 80 à 100 grammes. Reste-t-elle trop au-dessous de ces chiffres, la nourrice est insuffisante et doit être changée.

Nous venons de dire que le nouveau-né perd 100 grammes dans les deux premiers jours, et on a vu pourquoi. Au troisième jour, il commence à profiter ; au septième, il a retrouvé le poids qu'il avait à sa naissance. Il augmente ensuite de 20 à 25 grammes par jour pendant cinq mois, au bout desquels il pèse le double de ce qu'il pesait à sa naissance ; puis de 10 à 15 grammes seulement pendant les sept mois suivants. Si bien qu'à 16 mois, son poids n'est que le double de ce qu'il était à cinq mois.

Il faut se garder d'ailleurs d'attribuer à ces chiffres une valeur absolue qu'un sujet physiologique ou pathologique ne comporte jamais ; par exemple un enfant peut ne gagner que 10 ou 15 grammes par jour, et être dans d'excellentes conditions de santé... Qu'on ne croie pas non plus que pour les déperditions ni pour l'accroissement les choses se passent identiquement de même chez tous les nouveau-nés indépendamment des conditions sociales : « En ville, chez les enfants bien soignés, les déperditions sont moins considérables. l'accroissement est plus fort et les quantités de lait prises par les enfants sont bien au-dessus de celles qu'on trouve indiquées dans les statistiques hospitalières »; j'emprunte ces lignes à M. Bouchut.

VII

Heureux privilège de la richesse.

Dans une thèse remarquable intitulée : *De la mort par inanition et études expérimentales sur la nutrition chez le nouveau-né.* M. le docteur Bouchaud, ancien interne de la Maternité, a noté que sur 1,961 enfants nés en 1864, dans cet établissement, près d'un tiers, 644 étaient issus de couches prématurées et que, sur ces 641 enfants, 205 moururent en huit ou quinze jours. Ce que devinrent les autres, on l'ignore ; mais l'opinion des hommes les plus compétents est que la moitié ou les deux tiers des enfants qui naissent avant terme dans les familles pauvres ne dépassent pas l'âge de six mois.

Autre est le sort de ceux que des familles aisées peuvent entourer de tous les soins que réclame

leur faiblesse. Le plus souvent on parvient à les
faire vivre, et même leur développement rapide
ne laisse bientôt plus rien subsister des imperfec-
tions dues à une naissance anticipée.

De ceci M. Depaul donnait un jour à sa clinique un exemple remarquable : « Il y a aujour-
d'hui huit ans, disait-il, je reçus à sa naissance,
avenue de l'Impératrice, une petite fille qui ne
comptait que sept mois et demi à sept mois vingt
jours de conception. Cet enfant offrait au plus
haut degré la plupart des signes qui caracté-
risent la faiblesse congénitale. Elle pesait 1,660
grammes.

« Sa peau, d'un rouge vif, était d'une minceur
et d'une délicatesse extrêmes. Mais une nourrice
de choix lui fut immédiatement donnée ; la garde
était une femme experte, consciencieuse, docile à
mes instructions ; bref les conditions les plus favorables purent être réunies autour du nouveau-né.
Eh bien ! cette petite fille si chétive qu'il semblait
qu'on tentât l'impossible en cherchant à la conserver, commença à croître dès les premiers
jours, et ses progrès furent si constants que six
mois plus tard elle pesait 6 kilog. 240, et présentait un embonpoint exceptionnel. Sa vitalité, son
intelligence, son développement physique, avaient
suivi la même ascension. Aujourd'hui, cette enfant
pleine de vie ne porte plus aucune trace de sa
faiblesse originelle. »

Il est curieux de suivre jour par jour le développement de la petite créature. On la pesait tous les sept jours. Son accroissement quotidien fut en moyenne : pendant la première semaine de 8 grammes, pendant la deuxième de 14 grammes, pendant la troisième de 17 grammes 1/2, pendant la quatrième de 27 grammes 1/2, pendant la cinquième de 29 grammes, pendant la sixième de 36 grammes. On était alors à neuf mois de la conception, c'était le moment ou normalement l'enfant eût dû naître ; il pesait **2,561** grammes.

Continuons : l'accroissement fut de 33 grammes 1/2 par jour (en moyenne) dans la septième semaine, de 37 grammes dans la huitième, de 35 dans la neuvième, de 26 dans la dixième, de 20 dans la onzième, de 24 dans la douzième, de 21 dans la treizième ; la petite fille âgée alors de 3 mois comptés depuis la naissance pesait 3 kilog. 932 grammes. Dans le quatrième mois, elle gagna 583 grammes ; dans le cinquième, 762, et enfin dans le sixième, 963, ce qui fait 32 grammes par jour. Nous avons dit qu'elle pesait à cet âge 6 kilog. 240. — Ces chiffres intéresseront toutes les mères sous les yeux desquelles ils tomberont.

§ VIII

D'un Nourrisson réfractaire et accessoirement de la Femme et de la Chèvre.

A Bezais, près Romans, en Dauphiné, est né, chez un maréchal (non de France; utile, ferrant), un enfant du sexe masculin, parfaitement constitué, très bien portant et d'un excellent appétit, mais d'humeur singulièrement bizarre. L'action de téter, qui semble transporter au septième-ciel tous les bébés ordinaires, tant leurs traits expriment de béatitude quand, repus et détachant du sein nourricier leur bouche rose, d'où coule un filet de liqueur blanchâtre, ils se renversent en arrière et laissent errer autour d'eux leurs vagues et doux regards; cette action n'excite en lui qu'une insurmontable répugnance. Il refuse absolument de prendre le sein, non seulement le sein maternel, mais celui d'aucune nourrice. Pas une goutte de lait de femme n'a mouillé ses lèvres, qui ne consentent à toucher que le verre ou la cuillère.

La mère — c'est une femme de 34 ans, et nous ne savons d'elle que son âge, — la mère fort attristée mais espérant toujours que son enfant reviendra à des dispositions plus naturelles, a voulu lui conserver l'aliment qu'il repousse, et dans ce but a pris pour nourrisson un petit chien qui n'a pas dit non à cette adoption. Cependant au bout de trois mois, le lait se détournant peu à peu du chemin de la mamelle a déterminé un état maladif assez sérieux pour qu'on appelât M. le Dr Barbaste de qui nous tenons cette histoire.

Voulant combattre à son aise cette fièvre laiteuse, le docteur engagea la jeune mère à prendre son parti d'une situation qui, après tout, est celle dont font choix aujourd'hui beaucoup de femmes parfaitement libres d'en connaître une autre; je veux dire qu'il l'exhorta à savoir n'être mère qu'à moitié en se contenant d'avoir mis elle-même son enfant au monde, ce qu'on n'a pas encore trouvé le moyen de faire faire par des mercenaires, et en renonçant à compléter avec son lait le petit être qu'elle avait commencé avec son sang. Il conseilla donc le choix d'une bonne nourrice. Mais outre que son éloquence n'eut pas beaucoup d'effet sur l'esprit de cette femme qui, toute remplie de préjugés maternels, ne voulait pas renoncer à l'espoir de nourrir son enfant; l'invincible résistance de ce petit nourrisson qui avait juré de ne pas téter rendit inutiles les conseils du médecin.

Il fallut donc se borner à une thérapeutique peu active, qui cependant délivra promptement la malade des effets les plus fâcheux de sa fièvre laiteuse. Et alors, la mère, à qui M. Barbaste s'était vanté d'être en mesure de lui rendre son lait, réclama l'exécution de cette promesse, qui fut en effet tenue, on verra tout à l'heure comment. De nouveau les deux seins se gonflèrent ; mais l'enfant se montrant aussi *galactophobe* que jamais, le petit chien, rappelé de l'exil où on l'avait relégué depuis quelques jours, profita seul de ce retour d'abondance.

Parvenu à l'âge de sept mois, François c'est le nom de ce réfractaire, se portait parfaitement, avait de l'appétit, de la force, de la gaieté. Que pouvait désirer de plus celle qui l'aimait avant tout pour lui-même ? La privation n'étant que pour elle, elle s'y résigna. L'heureux chien fut enfin sevré. Et la mère se débarrassa de son lait par un des moyens ordinaires.

Cette histoire n'est-elle pas bien curieuse ? Elle nous montre qu'un instinct essentiel, l'un des plus généraux, un instinct à l'intégrité duquel l'existence de l'être semble intimement lié, peut faire défection. Il y a des cas non moins extraordinaires où l'instinct maternel — je parle des animaux, chez l'homme, cela n'est plus extraordinaire — où l'amour des petits, condition *sine qua non* de la conservation de l'espèce, fait également défaut. Les cas de ce genre ont pour pendant exact celui qui vient d'être rapporté.

J'ai dit que le docteur Barbaste tint la promesse

qu'il avait faite à la mère du petit François de lui rendre son lait. Comment? En lui faisant prendre matin et soir, pendant dix jours de suite, le matin à jeun et le soir deux heures après le repas, une infusion de trois graines de *cumin* dans un verre d'eau. Les paysans du Dauphiné se servent de ces semences pour conserver le lait à leurs chèvres ou pour le leur rendre. Pourquoi ce qui réussit sur ces élégantes et capricieuses créatures ne réussirait-il pas sur des femmes? C'est ce qui a inspiré à M. Barbaste l'idée d'essayer cette médication qui, trois fois employée, lui a trois fois réussi.

TABLE DES MATIÈRES

LIVRE III. — LA NAISSANCE

LIVRE IV. — LES BÉBÉS

LIVRE V. — L'ORDRE DES MÈRES

ÉVREUX, IMPRIMERIE DE CHARLES HÉRISSEY